westermann

Anita Gieske, Siegfried H. Groß

Freundliche Grüße

Geschäftskorrespondenz wie sie sein sollte

3. Auflage, 2020

Bestellnummer 4466

Liebe Leserin, lieber Leser,

schön, dass Sie sich entschieden haben, alte Formulierungszöpfe abzuschneiden und überflüssigen Wortmüll über Bord zu werfen. Ihre empfängerorientierte moderne Korrespondenz punktet in jedem Falle.

In diesem Buch erfahren Sie anhand zahlreicher praxisnaher Beispiele aus Büro-, Gesundheits- und Verwaltungsberufen, wie Sie Geschäftsbriefe zeitgemäß formulieren und schreiben. Außerdem finden Sie im Text immer wieder Tipps, die Ihnen eine Hilfe sein können.

Ob Sie an Kunden, Lieferanten oder Behörden schreiben: Fassen Sie sich kurz, vermeiden Sie unnötige Floskeln und formulieren Sie kundenorientiert. Werfen Sie Ballast ab! Sie ersparen sich und dem Leser viel Zeit. Schriftstücke für die inner- und außerbetriebliche Korrespondenz erstellen Sie rationell und versenden sie diese wahlweise gedruckt oder elektronisch.

Neben der üblichen geschäftlichen Korrespondenz rund um den Ein- und Verkauf von Waren und Dienstleistungen erfahren Sie in diesem Buch auch, welche Marketingmaßnahmen Sie zur Kundengewinnung und Kundenbindung einsetzen können, wie Sie angemessen auf Reklamationen reagieren, Geschäftsreisen und Termine vor- und nachbereiten sowie individuelle Schreiben zu erfreulichen und traurigen Anlässen formulieren.

Auch mit Ihrem Privatbrief geben Sie Ihre persönliche Visitenkarte ab. Sie lernen, wie Sie ansprechende Bewerbungsunterlagen erstellen und was Sie bei der Korrespondenz mit Behörden und Versicherungen beachten sollten.

Die Lösungen zu den Aufgaben der einzelnen Kapiteln sowie einen Materialpool haben wir für Sie bereitgestellt. Gehen Sie auf www.westermann.de. Geben Sie dort die Bestellnummer 4466 ein. Der benötigte BPW Code lautet **BPWC-S3UX-X66Q-765G** .

Wir wünschen Ihnen viel Erfolg bei Ihrer geschäftlichen und privaten Korrespondenz.

Freundliche Grüße

Anita Gieske
Siegfried H. Groß

Die in diesem Produkt gemachten Angaben zu Unternehmen (Namen, Internet- und E-Mail-Adressen, Handelsregistereintragungen, Bankverbindungen, Steuer-, Telefon- und Faxnummern und alle weiteren Angaben) sind i. d. R. fiktiv, d. h., sie stehen in keinem Zusammenhang mit einem real existierenden Unternehmen in der dargestellten oder einer ähnlichen Form. Dies gilt auch für alle Kunden, Lieferanten und sonstigen Geschäftspartner der Unternehmen wie z. B. Kreditinstitute, Versicherungsunternehmen und andere Dienstleistungsunternehmen. Ausschließlich zum Zwecke der Authentizität werden die Namen real existierender Unternehmen und z. B. im Fall von Kreditinstituten auch deren IBANs und BICs verwendet.

service@westermann.de
www.westermann.de

Bildungshaus Schulbuchverlage Westermann Schroedel Diesterweg Schöningh Winklers GmbH, Postfach 33 20, 38023 Braunschweig

ISBN 978-3-8045-**4466**-6

westermann GRUPPE

Vitae

1 Personal

Eingangssituationen

Das Unternehmen „Metakom Seminare GmbH" hat ein breit gefächertes Seminarangebot, der Schwerpunkt liegt auf Kommunikationstrainings für Führungskräfte sowie Seminaren zu Konfliktmanagement, Verhandlungssicherheit und Zeitmanagement. Für allgemeine Büroarbeiten und Seminarorganisation suchen „Metakom Seminare" mit einer Stellenanzeige eine neue Mitarbeiterin oder einen neuen Mitarbeiter mit Organisationstalent.

Kevin Siewert steht kurz vor der Abschlussprüfung zum Kaufmann für Büromanagement. Sein Ausbildungsbetrieb kann ihn nicht übernehmen, daher bewirbt er sich auf die Stellenanzeige von „Metakom Seminare".

Die Personalleiterin Marlene König lädt Kevin Siewert zu einem Vorstellungsgespräch ein. Nach Abschluss aller Gespräche schreibt sie die Zusage an Kevin Siewert und die Absagen an die anderen Bewerber.

Zur gleichen Zeit sorgt der Diebstahl eines Laptops für Aufregung im Unternehmen und führt zu einer fristlosen Kündigung.

Die Web- und Werbeagentur „New Look" bietet ihren Kunden verschiedene Dienstleistungen an. Das Unternehmen organisiert unter anderem Messen und Events aller Art, erstellt Webseiten und bietet Softwarelösungen an.

Nach einem großen Umsatzeinbruch ist die Kündigung einiger Mitarbeiter unvermeidbar. Die Personalabteilung verfasst außerdem eine Abmahnung und Arbeitszeugnisse.

Lernziele

Bewerbung, Einstellung, Kündigung sind die zentralen Themen der Korrespondenz einer Personalabteilung. Wie schreiben Sie – als Mitarbeiter oder Mitarbeiterin einer Personalabteilung – eine Einladung zum Vorstellungsgespräch, eine Zu- oder Absage oder eine Kündigung? Wie verfassen Sie ein Arbeitszeugnis? Und worauf kommt es an, wenn Sie Ihre eigene Bewerbung zusammenstellen?

Lernziele

- → Sie erstellen Ihre eigene Bewerbungsmappe mit Deckblatt, Anschreiben, Lebenslauf.
- → Sie schreiben Einladungen zu Vorstellungsgesprächen.
- → Sie verfassen Zu- und Absagen.
- → Sie kündigen Mitarbeitern betriebsbedingt.
- → Sie schreiben außerordentliche Kündigungen.
- → Sie verfassen Abmahnungen.
- → Sie formulieren Arbeitszeugnisse.
- → Sie kennen die „Zeugnissprache".

1.1 Bewerbung und Einstellung

Ein Mitarbeiter verlässt das Unternehmen „Metakom Seminare“. Die Personalleiterin Marlene König ist für die Neubesetzung dieser Stelle verantwortlich. Bevor sie die Stelle ausschreiben kann, informiert sie sich, welche Aufgaben auf den neuen Mitarbeiter zukommen, welche Voraussetzungen er mitbringen soll usw. Dazu verwendet Marlene König die **Stellenbeschreibung** und erstellt dann die **Stellenausschreibung** mit den wesentlichen Aufgaben und Eigenschaften, die der neue Mitarbeiter mitbringen soll.

1.1.1 Stellenbeschreibung und Stellenanzeige

Stellenbeschreibung

METAKOM SEMINARE GmbH

Stellenbezeichnung	**Kaufmann/-frau für Büromanagement**
Name des Stelleninhabers	Sebastian Becker
Kostenstelle	Organisationsabteilung
Beschäftigungsumfang	☒ Vollzeit ☐ Teilzeit %
Direkte/r Vorgesetzte/r	Dr. Manfred Steiner Eveline Kern Holger Menzler
Unterstellte Mitarbeiter	Auszubildende der Abteilung
Der Stelleninhaber vertritt	Eveline Kern
Der Stelleninhaber wird vertreten von	Holger Menzler
Ziele der Stelle	Seminarorganisation intern und extern allgemeine Sekretariatstätigkeiten
Aufgaben	• Seminare planen und Angebote erstellen • Schriftverkehr der Abteilung • Veranstaltung betreuen und Messen organisieren Sekretariatsaufgaben: • Postein- und -ausgang • interne Meetings organisieren
Befugnisse und Verantwortung	Selbstständige Planung und Durchführung von Seminaren bis zu einem Gesamtbudget von 10.000 €, ansonsten Genehmigung durch Dr. Manfred Steiner
Anforderungen Eigenschaften:	• abgeschlossene kaufmännische Berufsausbildung • Mittlerer Abschluss • sehr gute MS-Office-Kenntnisse • sehr gute Englischkenntnisse in Wort und Schrift • mehrere Jahre Berufserfahrung • gute Organisations- und Kommunikationsfähigkeit • sehr gute Teamfähigkeit und selbständige Arbeitsweise

1.1.2 Bewerbung

Gesucht und gefunden – überzeugen Sie den potenziellen neuen Arbeitgeber, dass Sie der passende neue Mitarbeiter[1] sind! Werben Sie für sich selbst, sagen Sie, wer Sie sind und was Sie können. In welcher Form möchte das Unternehmen Ihre Bewerbung haben? Bei einer Kurzbewerbung genügt es, wenn Sie das Anschreiben und Ihren Lebenslauf zusenden. Vollständige Bewerbungsunterlagen beinhalten dann auch alle Zeugniskopien!

Sie haben keine zweite Chance für den ersten Eindruck! Die Visitenkarte, die Sie Ihrem potenziellen Arbeitgeber präsentieren, ist Ihre Bewerbung. Das individuell erstellte Anschreiben mit den sorgfältig zusammengestellten Unterlagen (Bewerbungsmappe mit Deckblatt, Lebenslauf, Zeugniskopien) ist die Eintrittskarte in das Unternehmen. Nur wer hier punktet, hat die Chance, eine Runde weiterzukommen.

Der erste Eindruck zählt.

Ein Arbeitgeber hat eine genaue Vorstellung von seinem neuen Mitarbeiter. Nicht nur die Fachkompetenz, sondern auch die so genannten Soft Skills (Schlüsselqualifikationen) spielen eine bedeutende Rolle.

Bevor Sie Ihr Anschreiben formulieren, sollten Sie folgende Überlegungen anstellen:

Denk dran!

- ✓ Welche fachlichen Kompetenzen habe ich?
- ✓ Über welche Schlüsselqualifikationen verfüge ich (z. B. Teamfähigkeit, Lernbereitschaft, Organisationstalent, Kommunikationsstärke ...)?
- ✓ Was für ein Mensch bin ich, was sind meine Stärken und Schwächen?
- ✓ Was soll mir der neue Arbeitgeber bieten?
- ✓ Welche Vor- und Nachteile bietet die neue Stelle?
- ✓ Welche Ziele habe ich?
- ✓ Wie soll mein Leben in einigen Jahren aussehen?

Bin ich für die Stelle geeignet?

Lesen Sie die Stellenanzeigen genau! Stimmt das Stellenprofil mit Ihrem Profil zum großen Teil überein, kann Ihre Bewerbung erfolgreich sein.

[1] Aus Gründen der besseren Lesbarkeit wird auf eine geschlechterspezifische Formulierung (m/w/d) verzichtet.

„Metakom Seminare" sucht mit der Stellenanzeige auf der Firmenwebsite, auf Facebook und in der „Frankfurter Rundschau" die passenden Mitarbeiter. Das Unternehmen achtet bei der Formulierung der Annonce darauf, die Stelle geschlechtsneutral auszuschreiben. Das Stellenprofil beschreibt die wichtigsten Aufgabenbereiche. Die Bewerber können davon ausgehen, dass „Metakom Seminare" ihre Bewerbung auf dem Postweg erwartet, weil keine E-Mail-Adresse angegeben wurde.

Beispiel für eine Stellenanzeige

METAKOM SEMINARE GmbH

Als modernes und zukunftsorientiertes Unternehmen bieten wir für nationale und internationale Firmen ein breit gefächertes Seminarangebot an. Der Schwerpunkt liegt auf Kommunikationstrainings für Führungskräfte, Konfliktmanagement, Verhandlungssicherheit, Zeitmanagement.

Wir suchen zum nächstmöglichen Termin eine/einen

Kauffrau/Kaufmann für Büromanagement (m/w/d)

Ihre Aufgaben:
- Sie erstellen Seminarangebote.
- Sie planen Seminare.
- Sie sind für den Schriftverkehr mit Kunden, Referenten, Hotels verantwortlich.
- Sie unterstützen uns bei PR-Veranstaltungen und Messen.
- Sie erledigen allgemeine Sekretariatsarbeiten.

Ihr Profil:
- Sie verfügen über eine abgeschlossene kaufmännische Berufsausbildung.
- Sie zeichnen sich durch gute Kommunikations- und Organisationsfähigkeit sowie hohe Kundenorientierung, Teamfähigkeit und Organisationstalent aus.
- Sie haben gute Englischkenntnisse in Wort und Schrift.
- Ihre MS-Office-Kenntnisse sind hervorragend.
- Sie sind flexibel und haben idealerweise einige Jahre Berufserfahrung.

Unsere Leistungen:
Es erwartet Sie ein vielseitiges und spannendes Aufgabenfeld. Wir bieten Ihnen eine teamorientierte Arbeitsatmosphäre; eine gute Bezahlung ist für uns selbstverständlich.

Ihre aussagekräftige Bewerbung richten Sie bitte an:

Metakom Seminare GmbH
Personalabteilung
Postfach 25 26
65531 Limburg
www.metakomseminare-wvd.de

Kevin Siewert analysiert die Stellenanzeige sorgfältig. Er stellt fest, dass er das Stellenprofil zum großen Teil erfüllt. Das Manko ist seine fehlende Berufserfahrung. Kevin Siewert schreibt in seiner Bewerbung, dass er den Anforderungen gewachsen sein wird und stellt seine Kompetenzen heraus. Das Zwischenzeugnis des Ausbildungsunternehmens bestätigt dies. Kevin Siewert macht sich sofort an die Arbeit und überlegt, wie seine Bewerbung aussehen soll. Er erstellt ein eigenes Logo für seinen Briefkopf. Dieses „Design" übernimmt er bei dem Lebenslauf und seinem Deckblatt. Die Farbe der Bewerbungsmappe wählt er entsprechend in Grau.

In der Annonce war kein Ansprechpartner angegeben. Kevin Siewert zeigt Eigeninitiative, er ruft „Metakom Seminare" an und erfährt, dass die Personalleiterin Marlene König ist. So kann er sie persönlich anreden und fällt positiv gegenüber anderen Bewerbern auf, die eine allgemeine Anrede (Sehr geehrte Damen, sehr geehrte Herren) wählen.

MERKE

Selbstverständlich enthält das Anschreiben keine Rechtschreib-, Zeichensetzungs- und Grammatikfehler. Denn was nutzt die tolle Bewerbungsmappe, wenn es im Anschreiben von Fehlern wimmelt?

Denk' dran!

- ✓ Verwenden Sie weißes, gutes Papier (80 oder 90 g/m^2).
- ✓ Wählen Sie eine gut lesbare Schriftart, z. B. Arial, verwenden Sie diese für alle Schriftstücke Ihrer Bewerbung.
- ✓ Kontrollieren Sie Ihre Anschrift auf Vollständigkeit.
- ✓ Geben Sie eine Telefonnummer an.
- ✓ Benutzen Sie eine neutrale E-Mail-Adresse (party-girl@wvd.de kommt sicher nicht gut an).
- ✓ Schreiben Sie die Empfängeranschrift vollständig und richtig.
- ✓ Wählen Sie die Betreffangabe und die Berufsbezeichnung richtig.
- ✓ Reden Sie einen Ansprechpartner an, recherchieren Sie gegebenenfalls.
- ✓ Beziehen Sie sich ggf. auf ein Telefonat.
- ✓ Formulieren Sie individuell, gehen Sie auf Punkte der Stellenanzeige ein.
- ✓ Stellen Sie Ihre Stärken heraus.
- ✓ Ihre Bewerbung ist frei von Rechtschreib-, Zeichensetzungs- und Formulierungsfehlern. Lassen Sie jemanden Korrektur lesen.
- ✓ Ihr Anschreiben ist nicht länger als eine A4-Seite; es trägt das aktuelle Datum.
- ✓ Unterschreiben Sie Ihre Bewerbung.

Beispiel für eine Bewerbung

KS

KEVIN SIEWERT

Kevin Siewert
Münsterer Straße 35
65549 Limburg
Tel.: 06431 111111
Mobil: 0188 111111
E-Mail: kevin-siewert@wvd.de

Metakom Seminare GmbH
Frau Marlene König
Postfach 25 26
65531 Limburg

15. Mai 20..

Bewerbung als Kaufmann für Büromanagement
Ihre Anzeige in der „Frankfurter Rundschau" vom 13. Mai 20..

Guten Tag Frau König,

Sie suchen einen flexiblen Mitarbeiter mit Organisationstalent, der MS-Office beherrscht, teamfähig ist und kundenorientiert arbeiten kann. Diese Anforderungen kann ich sehr gut erfüllen und möchte meine Fähigkeiten gerne in Ihrem Unternehmen einsetzen. **1**

In neue Aufgabengebiete arbeite ich mich schnell ein und erledige sie eigenverantwortlich und termingerecht. Eine besondere Herausforderung während meiner Ausbildung zum Kaufmann für Büromanagement war es, selbstständig eine Hausmesse für „Bürotec Limburg" zu organisieren. Die Korrespondenz dafür umfasste Einladungen namhafter Referenten und treuer Stammkunden sowie Informationen für die Presse. Die Ausstellungsräume stattete ich ansprechend aus, wobei es mir gelang, den finanziellen Rahmen einzuhalten. In der Verkaufsabteilung erstelle ich zurzeit Angebote für Kunden und führe in einem begrenzten Rahmen Verhandlungen mit ihnen. **2**

Gerne setze ich meine MS-Office-Kenntnisse in Ihrem Unternehmen ein. Ich besitze den ECDL-Führerschein in Word, Excel, PowerPoint und Access für die neueste Version. An der Berufsschule erwerbe ich Ende Mai 20.. das KMK-Fremdsprachenzertifikat in Englisch. **3**

Ab 15. Juni 20.. kann ich nach meiner Abschlussprüfung zum Kaufmann für Büromanagement für Sie tätig sein. Mein Ausbildungsbetrieb bedauert es, dass er mich aus betriebsbedingten Gründen nicht weiter beschäftigen kann. **4**

In einem persönlichen Gespräch möchte ich Sie überzeugen, dass ich Ihr neuer Mitarbeiter sein kann. Gerne absolviere ich bei Ihnen ein Kurzpraktikum, bei dem Sie sich von meiner Eignung überzeugen können. Auf Ihre Einladung freue ich mich schon heute. **5**

Freundliche Grüße

Kevin Siewert

Anlage
1 Bewerbungsmappe

1 *Hier wird sofort klar: Der Bewerber hat die Annonce genau gelesen.*

2 *Kevin Siewert erwähnt passende Aufgabenbereiche seiner jetzigen Stelle.*

3 *Seine zusätzlichen Qualifikationen zeigen seine Fortbildungsbereitschaft.*

4 *Er nennt den frühesten Eintrittstermin, da kein genauer Einstellungstermin genannt wurde.*

5 *Selbstbewusst und ohne Konjunktiv, so sollte der Abschluss sein!*

Prima!	Nicht so gut!
+ Sie suchen einen flexiblen Mitarbeiter mit Organisationstalent, der MS-Office beherrscht, teamfähig ist und kundenorientiert arbeiten kann. Diese Anforderungen kann ich sehr gut erfüllen und möchte meine Fähigkeiten gerne in Ihrem Unternehmen einsetzen.	− Ihre Stellenanzeige habe ich mit Interesse gelesen und bewerbe mich um die Stelle als Kaufmann für Büromanagement. 1
+ In neue Aufgabengebiete arbeite ich mich schnell ein und erledige sie eigenverantwortlich und termingerecht.	− Neue Herausforderungen sind für mich kein Problem.
+ In einem persönlichen Gespräch überzeuge ich Sie gerne, dass ich Ihr neuer Mitarbeiter sein kann. Auf diesen Termin freue ich mich schon heute.	− Sollte ich Ihren Vorstellungen entsprechen, würde ich mich über eine Einladung zu einem persönlichen Vorstellungsgespräch sehr freuen. 2

1 Nur mit Interesse gelesen? Öder langweiliger Beginn!

2 Würden Sie sich freuen oder tun Sie es?

Initiativbewerbung

Eine gelungene Initiativbewerbung kann vorteilhaft sein. Sie können Ihre Kompetenzen und Qualifikationen darstellen, ohne ein Anforderungsprofil berücksichtigen zu müssen. Selbst wenn das Unternehmen zurzeit keine Stelle frei haben sollte, archiviert es möglicherweise Ihre Bewerbung und kommt zu einem späteren Zeitpunkt auf Sie zurück.

Vor einer Initiativbewerbung stellen Sie folgende Überlegungen an:

- **Für welche Position bewerbe ich mich?**
- **Warum will ich bei diesem Unternehmen arbeiten?**
- **Was zeichnet mich aus (Fachkompetenzen und Schlüsselqualifikationen)?**
- **Welchen Nutzen hat das Unternehmen, wenn es mich einstellt?**

Versenden Sie keinesfalls Standardschreiben, gehen Sie individuell auf das jeweilige Unternehmen ein!

1.1.3 Lebenslauf

Ein Arbeitgeber will sich mithilfe des Lebenslaufes ein Bild von dem Bewerber machen. Gestalten Sie Ihren Lebenslauf übersichtlich, so dass alle wichtigen Informationen direkt erkennbar sind. Beginnen Sie am besten mit den aktuellen Daten, dann kann sich der neue Arbeitgeber schnell informieren. Für den Lebenslauf gibt es keine allgemeingültige Norm. Er ist tabellarisch aufgebaut und in verschiedene Abschnitte eingeteilt (Persönliche Angaben, Berufstätigkeit, Aus- und Schulbildung ...).

Checkliste Lebenslauf	
●	Verwenden Sie gutes weißes Papier, wie auch für das Anschreiben und die Zeugniskopien.
●	Ihre persönlichen Angaben sind vollständig: Vor- und Zuname, ggf. Geburtsname, Geburtstag und Geburtsort.
●	Angaben zu Familienstand, Religion und Staatsangehörigkeit sind keine Pflichtangaben. Sie sollten nur angegeben werden, wenn sie wichtig für die Bewerbung sein könnten.
●	Führen Sie die Zeiten Ihrer Berufspraxis in chronologisch absteigender Reihenfolge mit genauem Datum von ... bis ... auf.
●	Erläutern Sie Ihre Position im jeweiligen Unternehmen und zählen Sie die wichtigsten Tätigkeitsbereiche auf.
●	Geben Sie Ihre Ausbildung mit Berufsbezeichnung und Ausbildungsbetrieb mit Dauer von ... bis ... an; erwähnen Sie Ihren Abschluss.
●	Geben Sie Ihre Schulbildung mit höchstem Abschluss an.
●	Erwähnen Sie Weiterbildungen und Praktika, sofern sie für die neue Tätigkeit relevant sind (z. B. Business English, MS-Office-Fortbildungen usw.).
●	Führen Sie Ihre besonderen Kenntnisse/Fähigkeiten auf, z. B. Englisch fließend in Wort und Schrift, Französisch gute Grundkenntnisse ...
●	Hobbys können Sie angeben, wenn daraus Rückschlüsse auf Ihren Beruf oder Ihre Schlüsselqualifikationen gezogen werden können. „Gefährliche" Hobbys geben Sie nicht an, der neue Arbeitgeber könnte von Ihrer Bewerbung wegen „Verletzungsgefahr" Abstand nehmen.
●	Achten Sie darauf: Gleiches Datum für Lebenslauf und Anschreiben.
●	Unterschreiben Sie den Lebenslauf, Sie bestätigen damit die Richtigkeit Ihrer Angaben.

HINWEIS

Achten Sie darauf, dass die Daten in Ihrem Lebenslauf in jedem Fall mit Ihren Unterlagen übereinstimmen. Schwindeln Sie nicht, es wird auffallen. Mit Ihrer Unterschrift bestätigen Sie schließlich, dass alle Angaben wahr sind.

Lücken von mehr als einem oder zwei Monaten fallen dem Personalverantwortlichen auf, dafür sollten Sie eine Erklärung haben. Formulieren Sie positiv: Sprechen Sie nicht von Arbeitslosigkeit, sondern davon, dass Sie arbeitsuchend sind/waren! Auslandsaufenthalt, Elternzeit oder Pflege eines nahen Angehörigen können weitere plausible Gründe sein.

Der standardisierte „Europäische Lebenslauf“ ist sehr ausführlich. Er enthält viele Vorgaben, die sicher nicht jeden Bewerber betreffen und gelöscht werden können. Ein Muster finden Sie im Materialpool.

Ihr Foto, auf dem Deckblatt und/oder auf dem Lebenslauf platziert, vermittelt einen ersten Eindruck, und der sollte sympathisch und positiv sein. Pass- oder Automatenfotos sind nicht geeignet. Investieren Sie das Geld und lassen Sie von einem Fotografen ein professionelles Bewerbungsfoto aufnehmen – es lohnt sich! Das Foto hat die Größe von 5 x 7 cm bis 8 x 11 cm. Fixieren Sie es am besten mit Fotoecken, dann können Sie es wieder verwenden, falls Sie einmal eine Absage erhalten. Schreiben Sie auf die Rückseite Ihren Namen, dann kann es zugeordnet werden, falls es sich gelöst haben sollte.

Achten Sie auf Ihre Kleidung, die Sie auf dem Bewerbungsfoto tragen. Sie soll zur angestrebten Position passen. Es gilt die Devise: Lieber etwas zu klassisch mit dezenten Farben (Bluse, Blazer oder Jacke, Hemd mit Krawatte) als flippig bunt mit tiefem Ausschnitt oder „verschlossen“ mit Rollkragenpullover. Ihre Frisur und Ihr Make-up sind dezent.

Kevin Siewert bewirbt sich bei „Metakom Seminare“ und aktualisiert seinen Lebenslauf, den er vor seiner Ausbildung geschrieben hat. Er fügt seinen Ausbildungsbetrieb ein und erwähnt wichtige Tätigkeiten während seiner Ausbildung, die auf das Stellenprofil von „Metakom Seminare“ passen. Er lässt beim Fotografen ein aktuelles Bewerbungsfoto aufnehmen, das er auch in digitalisierter Form erhält. Er aktualisiert das Datum, damit es mit dem des Anschreibens übereinstimmt.

Anschließend erstellt Kevin Siewert ein Deckblatt und platziert dort sein Bewerbungsfoto, hier ist mehr Platz als auf dem Lebenslauf.

Beispiel für einen Lebenslauf

KS

Kevin Siewert

Kevin Siewert
Münsterer Straße 35
65549 Limburg
Tel.: 06431 111111
Mobil: 0188 111111
E-Mail: kevin-siewert@wvd.de

LEBENSLAUF

Persönliche Daten [1]

Geburtsdatum:	10. Oktober 19..
Geburtsort:	Limburg

Berufsausbildung

ab 1. August 20..	Ausbildung zum Kaufmann für Büromanagement
bis voraussichtlich 4. Juni 20..	Bürotec Limburg, 65549 Limburg
Schwerpunkte der Ausbildung:	Organisation von Veranstaltungen Kundenempfang Einsatz in der Telefonzentrale Postbearbeitung allgemeiner Schriftverkehr Angebotserstellung

Schulbildung

August 20.. bis heute	Kaufmännische Schule, Limburg
August 20.. bis Juni 20..	Vom-Stein-Realschule, Limburg
Abschluss:	Mittlerer Abschluss
August 19.. bis Juni 20..	Grundschule Thalmann, Limburg

Praktika

Mai 20..	Meier Kunststoffe AG, Limburg 4 Wochen Einkaufs- und Verkaufsabteilung
September 20..	Spedition Trans GmbH, Bad Camberg 4 Wochen Logistikabteilung

Fortbildungen

September 20.. bis Februar 20..	Englisch-Wahlunterricht an der Berufsschule mit Abschluss: KMK-Fremdsprachenzertifikat
Februar 20.. bis Mai 20..	ECDL-Führerschein in allen MS-Office-Produkten mit erfolgreichen Abschlussprüfungen

Limburg, 15. Mai 20..

Kevin Siewert

[1] *Sie erleichtern sich die Arbeit, wenn Sie den Lebenslauf mit einer zweispaltigen Tabelle erstellen.*

Beispiel für ein Deckblatt

KS

KEVIN SIEWERT

Kevin Siewert
Münsterer Straße 35
65549 Limburg
Tel.: 06431 111111
Mobil: 0188 111111
E-Mail: kevin-siewert@wvd.de

Bewerbung

Bewerbung als

Kaufmann für Büromanagement

bei

Metakom Seminare GmbH

1.1.4 E-Mail-Bewerbung

Mit der E-Mail-Bewerbung können Sie dem potenziellen neuen Arbeitgeber zeigen, dass Sie kompetent mit modernen Kommunikationsmitteln umgehen können. Aber lassen Sie sich durch dieses Kommunikationsmittel nicht dazu verleiten, „mal schnell“ eine Bewerbung zu schreiben.

MERKE **Ihre E-Mail-Bewerbung unterscheidet sich nicht von einer herkömmlichen Bewerbung. Gut formuliert und sorgfältig zusammengestellt – so kommt Ihre E-Mail-Bewerbung an!**

Sie können davon ausgehen, dass Ihre Bewerbung in elektronischer Form erwartet wird, wenn in der Stellenannonce eine E-Mail-Adresse angegeben ist. Fragen Sie nach, falls Sie unsicher sind. Fügen Sie Ihr Anschreiben und Ihren Lebenslauf als Anhang bei. Ihre Zeugnisse senden Sie eingescannt mit, wenn „vollständige Unterlagen“ gewünscht werden oder eine „aussagekräftige Bewerbung“. Versenden Sie Ihre Unterlagen als PDF-Datei, sie erreichen den Empfänger dann unverändert. Verzichten Sie auf komprimierte Dateien.

Aufbau Ihrer E-Mail-Bewerbung:
Betreffangabe. Sie soll aussagekräftig sein, es muss erkennbar sein, dass es sich um eine Bewerbung handelt. Der herkömmliche Betreff „Bewerbung als ...“ erfüllt seinen Zweck, aber ein bisschen Kreativität fällt auf: „Eine potenzielle neue Mitarbeiterin für den Verkauf stellt sich vor.“

Ihre Bewerbung soll nicht im Spam-Ordner landen. Verzichten Sie daher auf Großbuchstaben, Ausrufezeichen und andere Sonderzeichen.

Anschreiben. Fügen Sie das Anschreiben als Anhang bei. Das ist vorteilhaft, denn ausgedruckt wirkt es wesentlich ansprechender als ein Ausdruck des Outlook-Fensters. Vergessen Sie nicht, Ihre vollständigen Kontaktdaten in der E-Mail anzugeben.

Lebenslauf und Foto. Der Lebenslauf entspricht dem herkömmlichen. Das Foto können Sie an entsprechender Stelle elektronisch platzieren. Lassen Sie sich vom Fotografen Ihr Bewerbungsfoto auf USB-Stick oder auf CD mitgeben!

Elektronisch versandte Dateien können beim Öffnen Formatierungen verlieren, entsprechend unprofessionell wirken Sie dann. Das können Sie vermeiden: Wandeln Sie Ihre Word-Dateien in PDF-Dateien um. Senden Sie die vollständige Bewerbung mit allen Anlagen zuerst einmal an Ihre eigene E-Mail-Adresse. So überprüfen Sie, ob alle Dateien den Empfänger unverändert erreichen.

HINWEIS **Viele Unternehmensportale verfügen über Online-Bewerbungssysteme. Vom Bewerber werden die elektronischen Formulare ausgefüllt. In einem freien Textfeld erwarten die künftigen Arbeitgeber oft das Anschreiben. Meist bieten sie auch die Möglichkeit Anschreiben, Lebenslauf und Zeugnisse hochzuladen. Der Arbeitgeber erhält so die wesentlichen Daten des Bewerbers und sucht sich passende heraus, die dann nach Aufforderung vollständige Bewerbungsunterlagen senden.**

Checkliste E-Mail-Bewerbung

- Versenden Sie die Bewerbungs-Mail an einen konkreten Ansprechpartner, nicht allgemein an das Unternehmen. Personalisiert kommt sie dann auch an.
- Verwenden Sie eine seriöse E-Mail-Adresse; versenden Sie Ihre E-Mail ausschließlich von Ihrer privaten E-Mail-Adresse.
- Stimmen Sie Ihre Bewerbung individuell auf das Unternehmen ab.
- Fügen Sie Ihre Unterlagen in der richtigen Reihenfolge bei.
- Verwenden Sie übliche Dateiformate, z. B. PDF.
- Fügen Sie keine Emo-Icons (Smilys usw.) ein.
- Verfassen Sie Ihre E-Mail-Bewerbung fehlerfrei und verzichten Sie auf unhöfliche Abkürzungen.
- Fordern Sie keine Lesebestätigung an, das nervt den Empfänger.
- Verzichten Sie auf die Priorität „hoch".
- Kontrollieren Sie täglich Ihr Postfach, nur so können Sie auf Antworten schnell reagieren!

1.1.5 Bewerbungsmappe

Stellen Sie sich vor: Ein Unternehmen erhält nach einer Stellenannonce mehr als 50 Bewerbungen. Diese Bewerbungsflut muss gesichtet, geeignete Bewerber müssen herausgefiltert werden. „Maximal eine Minute Zeit pro Bewerber" (Aussage eines Personalchefs), so ist ein großer Teil schnell aussortiert und erhält eine Absage.

Was kann ein Personalleiter in einer Minute aus einer Bewerbung schließen? Er schaut sich kurz das Anschreiben mit korrekter Anschrift an und informiert sich im Lebenslauf, ob der Bewerber dem Stellenprofil entspricht (Alter, Schulabschluss, Ausbildung, Berufstätigkeiten). Danach genügen kurze Blicke in die Arbeitszeugnisse (siehe Abschnitt 1.3).

Werben Sie mit einer ansprechenden Mappe für sich, fallen Sie positiv auf, dann schaut sich ein Personalleiter Ihre Bewerbung sicher gern näher an.

Die Farbe der Mappe soll zu Ihrer Bewerbung und zur ausgeschriebenen Stelle passen (z. B.: Farbe der Mappe ist ähnlich wie die Farbgestaltung der Unternehmens-Website oder eine Schriftfarbe aus Anschreiben und Lebenslauf wiederholt sich bei der Mappe. Ob Sie sich für eine einfache Klemmmappe aus Kunststoff oder eine edle Variante aus Karton entscheiden, ist nicht nur eine Preisfrage. Je höher die ausgeschriebene Stelle dotiert ist, desto repräsentativer gestalten Sie Ihre Bewerbung und damit auch die Mappe.

Denk dran!

Das kommt in Ihre Bewerbungsmappe:

- **Deckblatt mit Lichtbild (optional)**
- **ein Inhaltsverzeichnis (optional)**
- **tabellarischer Lebenslauf (mit Lichtbild, wenn Sie kein Deckblatt erstellen)**

Kopien der Zeugnisse/Zertifikate/Praktika:

- **Schulzeugnis mit höchstem Abschluss**
- **letztes Berufsschulzeugnis**
- **Zeugnis der zuständigen Kammer über erfolgreichen Berufsabschluss**
- **Zertifikate über Fortbildungen (falls für die Stelle relevant)**
- **Praktikumsbescheinigungen (falls für die Stelle relevant)**
- **alle Arbeitszeugnisse**

HINWEIS **Die Mappe ist die Anlage zum Bewerbungsschreiben. Daher wird es in der Regel lose daraufgelegt – nicht hinein.**

Für Ihre erfolgreiche „Eigenwerbung“ können Sie als Hilfe die AIDA-Formel anwenden (siehe auch Abschnitt 4.1.2).

A = **Attention**
I = **Interest**
D = **Desire**
A = **Action**

Machen Sie auf sich neugierig (Attention), damit Ihre Bewerbung gelesen wird (Interest). Überzeugen Sie den Personalleiter von Ihren Fähigkeiten und Fertigkeiten, sodass er Sie kennen lernen will (Desire) und Sie zum Gespräch einlädt (Action).

1.1.6 Einladung zum Vorstellungsgespräch

„Metakom Seminare“ will eine Stelle für eine/einen Kauffrau/Kaufmann für Büromanagement in der Organisationsabteilung besetzen. Nach der Stellenanzeige gingen viele Bewerbungen ein, fünf kommen in die engere Auswahl. Die Personalleiterin Marlene König lädt auch Kevin Siewert zu einem Vorstellungsgespräch ein.

Beispiel für eine Einladung zum Vorstellungsgespräch

METAKOM SEMINARE GmbH

Ihr Zeichen:
Ihre Nachricht vom: 15.05.20..
Unser Zeichen: kö
Unsere Nachricht vom:

Metakom Seminare GmbH • Postfach 25 26 • 65531 Limburg
Herrn
Kevin Siewert
Münsterer Straße 35
65549 Limburg

Name: Marlene König
Telefon: 06431 5893-244
Telefax: 06431 5893-215
E-Mail: m.koenig@metakomseminare-wvd.de

Datum: 20.05.20..

Ihre Bewerbung als Kaufmann für Büromanagement

Guten Tag Herr Siewert,

schönen Dank für Ihre aussagekräftige Bewerbung, sie hat uns neugierig gemacht. **1**

Gerne laden wir Sie am

Mittwoch, 27. Mai 20.., um 13:00 Uhr

zu einem Vorstellungsgespräch ein. Der Geschäftsführer Werner Fischer und die Personalleiterin Marlene König sind schon gespannt darauf, Sie persönlich kennen zu lernen. Sie haben für Sie 1,5 Stunden Zeit reserviert. **2**

Bitte melden Sie sich im Personalbüro, Raum 108, bei Kerstin Meinert. Rufen Sie sie bitte an, wenn Sie den Termin nicht wahrnehmen können; Sie erreichen Sie unter der Telefonnummer 06431 5893-248. **3**

Damit Sie uns besser finden, haben wir Ihnen eine Wegbeschreibung beigefügt. Ihre Reisekosten übernehmen wir gerne bis zur Höhe des Fahrpreises für eine Fahrkarte mit dem günstigsten öffentlichen Verkehrsmittel. **4**

Auf Ihren Besuch freuen wir uns schon heute.

Freundliche Grüße

Metakom Seminare GmbH

Marlene König

Marlene König
Personalleiterin

Anlage
1 Wegbeschreibung **5**

Geschäftsräume: Diezer Straße 100, 65549 Limburg
Geschäftsführer: Werner Fischer
Internet: www.metakomseminare-wvd.de
USt-IDNr.: DE 345765115
Steuer-Nr.: 0 987 654 321
Registergericht: AG Limburg HRB 5656
Bankverbindungen:
Sparkasse Limburg, IBAN DE22 5009 0000 3434 5673 40, BIC HELADEF1LIM
Volksbank Limburg eG, IBAN DE77 5005 0000 3334 1234 50, BIC HELADEFFXXX

1 *So sieht eine nette und gelungene Einleitung aus.*

2 *Teilen Sie dem Bewerber die Personen mit, die das Vorstellungsgespräch führen.*

3 *Ein Ansprechpartner mit Telefonnummer erleichtert die Kontaktaufnahme.*

4 *Die Fahrtkosten erstatten Sie, wenn Sie den Bewerber einladen, ggf. kann man dies bei der Einladung ausschließen.*

5 *Die Wegbeschreibung erleichtert die Anfahrt mit dem Pkw oder mit öffentlichen Verkehrsmitteln. Geben Sie für Navigationssysteme ggf. eine abweichende Straße an.*

Prima!	Nicht so gut!
+ Schönen Dank für Ihre aussagekräftige Bewerbung, sie hat uns auf Sie neugierig gemacht.	− Wir haben Ihre Bewerbung erhalten und danken Ihnen für das damit verbundene Interesse an unserem Unternehmen. [1]
+ Gerne laden wir Sie am Mittwoch, 27. Mai 20.., um 13:00 Uhr zu einem Vorstellungsgespräch ein.	− Das Vorstellungsgespräch findet am 27. Mai 20.. um 13:00 Uhr statt.
+ Bitte melden Sie sich im Personalbüro, Raum 108, bei Kerstin Meinert. Rufen Sie sie bitte an, wenn Sie den Termin nicht wahrnehmen können; Sie erreichen sie unter der Telefonnummer 06431 5893-248.	− Wir erwarten Sie dann im Personalbüro. Es ist erforderlich, dass Sie sich melden, wenn Sie den Termin nicht wahrnehmen können.
+ Auf Ihren Besuch freuen wir uns schon heute.	− Wir würden uns freuen, wenn Sie zum Vorstellungsgespräch kommen könnten. [2]

[1] Geht es noch langweiliger und „wir-bezogener“?

[2] Warum Konjunktiv?

1.1.7 Zusagen

Solche Briefe formuliert man sicher gerne. Heißen Sie Ihren neuen Mitarbeiter mit einem netten Schreiben willkommen.

Die Personalleiterin Marlene König und der Geschäftsführer von „Metakom Seminare“ haben fünf Vorstellungsgespräche geführt und lange beraten, wen sie einstellen. Ihre Wahl fiel trotz der fehlenden Berufserfahrung auf Kevin Siewert, der zurzeit kurz vor seiner Abschlussprüfung zum Kaufmann für Büromanagement steht. Er verfügt bereits über Erfahrungen im Organisationsbereich, seine MS-Office-Kenntnisse sind hervorragend, er hat den Computer-Führerschein gemacht. Das gute Zwischenzeugnis seines Ausbildungsbetriebes unterstreicht seine Kompetenzen. Im persönlichen Gespräch überzeugt Kevin Siewert durch fundiertes Fachwissen, seine Umgangsformen sind vorbildlich.

Marlene König schreibt die Zusage, sie legt den Arbeitsvertrag in dreifacher Ausfertigung bei, den Kevin Siewert unterschrieben zurückschicken soll.

Beispiel für eine Zusage

METAKOM SEMINARE GmbH

Metakom Seminare GmbH • Postfach 25 26 • 65531 Limburg

Herrn
Kevin Siewert
Münsterer Straße 35
65549 Limburg

Ihr Zeichen:
Ihre Nachricht vom: 15.05.20..
Unser Zeichen: kö
Unsere Nachricht vom: 20.05.20..

Name: Marlene König
Telefon: 06431 5893-244
Telefax: 06431 5893-215
E-Mail: m.koenig@metakomseminare-wvd.de

Datum: 29.05.20..

Ihre Einstellung als Kaufmann für Büromanagement

Guten Tag Herr Siewert,

vielen Dank für das interessante Bewerbungsgespräch; das hat uns überzeugt. Gerne stellen wir Sie ab 15. Juni 20.. in unserer Organisationsabteilung ein.

Bitte kommen Sie um 08:00 Uhr und melden Sie sich im Personalbüro bei Kerstin Meinert. Sie wird Sie zu Ihrem neuen Arbeitsplatz begleiten. In der Anfangsphase unterstützt Sie Nicole Krüger.

Als Anlage erhalten Sie Ihren Arbeitsvertrag in dreifacher Ausfertigung. Bitte unterschreiben Sie ihn und schicken zwei Exemplare an die Personalabteilung zurück. Das dritte Exemplar ist für Ihre Unterlagen.

Auf eine gute und erfolgreiche Zusammenarbeit mit Ihnen freuen wir uns schon heute.

Herzliche Grüße

Metakom Seminare GmbH

Marlene König

Marlene König
Personalleiterin

Anlage
Arbeitsvertrag

Geschäftsräume: Diezer Straße 100, 65549 Limburg
Geschäftsführer: Werner Fischer
Internet: www.metakomseminare-wvd.de
USt-IDNr.: DE 345765115
Steuer-Nr.: 0 987 654 321
Registergericht: AG Limburg HRB 5656
Bankverbindungen:
Sparkasse Limburg, IBAN DE22 5009 0000 3434 5673 40, BIC HELADEF1LIM
Volksbank Limburg eG, IBAN DE77 5005 0000 3334 1234 50, BIC HELADEFFXXX

Prima!	Nicht so gut!
+ Vielen Dank für das interessante Bewerbungsgespräch; das hat uns überzeugt. Gerne stellen wir Sie ab 15. Juni 20.. als Kaufmann für Büromanagement in unserer Organisationsabteilung ein.	– Wir können Ihnen heute die erfreuliche Mitteilung machen, dass wir Sie ab 15. Juni 20.. als Kaufmann für Büromanagement einstellen werden.
+ Bitte kommen Sie um 08:00 Uhr und melden Sie sich im Personalbüro bei Kerstin Meinert. Sie wird Sie zu Ihrem neuen Arbeitsplatz begleiten.	– Ihr Dienstbeginn ist um 08:00 Uhr, dazu melden Sie sich bitte im Personalbüro.
+ Auf eine gute und erfolgreiche Zusammenarbeit mit Ihnen freuen wir uns schon heute.	– Wir hoffen auf eine gute Zusammenarbeit mit Ihnen.

1.1.8 Absagen

Meistens werden Sie nur einen Bewerber einstellen. Formulieren Sie Ihre Absagen rechtssicher, klar und unmissverständlich! Seit das „Allgemeine Gleichbehandlungsgesetz" (AGG) in Kraft getreten ist, können abgelehnte Bewerber klagen und Schadenersatz fordern.

Nennen Sie daher keinen diskriminierenden Grund für die Absage, wenn der Bewerber dem Profil der ausgeschriebenen Stelle nicht entspricht. Formulieren Sie dann die Absage neutral. Führen Sie in der Absage höchstens einen Grund an, falls der Bewerber nicht über eine in der Stellenanzeige geforderte Qualifikation verfügt, z. B. fehlende SAP-Kenntnisse. Beziehen Sie sich nicht auf fehlende Qualifikationen, wenn diese nicht in der Stellenanzeige erwähnt wurden.

Sicher ist sicher! Dokumentieren Sie den Bewerbungsverlauf, heben Sie ihn ca. sechs bis zwölf Monate aus Beweisgründen auf.

Vorsicht Rechtsfalle: Vermeiden Sie mögliche diskriminierende Formulierungen. „Wir haben uns für eine Bewerberin entschieden, die in unser junges dynamisches Team passt." „Jung" bedeutet: Ein älterer Bewerber könnte durch dieses kleine Wörtchen diskriminiert werden. Ähnlich verhält es sich mit den Geschlechtern. „Entschieden haben wir uns für einen Lackierer, der besser in die Werkstatt mit männlichen Mitarbeitern passt." Wie bei Stellenanzeigen gilt auch hier: Bleiben Sie auch in Ihren Absagen geschlechtsneutral. Prüfen Sie bei jeder Absage genau, ob sie auch rechtssicher ist.

Beispiel für eine Absage

METAKOM SEMINARE GmbH

Metakom Seminare GmbH • Postfach 25 26 • 65531 Limburg
Frau
Simone Reimann
Stephansweg 4
56410 Montabaur

Ihr Zeichen:
Ihre Nachricht vom: 15.05.20..
Unser Zeichen: kö
Unsere Nachricht vom: 20.05.20..

Name: Marlene König
Telefon: 06431 5893-244
Telefax: 06431 5893-215
E-Mail: m.koenig@metakomseminare-wvd.de

Datum: 29.05.20..

Ihre Bewerbung vom 15. Mai 20.. [1]

Guten Tag Frau Reimann,

vielen Dank für das persönliche Gespräch am 27. Mai 20... Bitte haben Sie Verständnis dafür, dass wir Sie nicht einstellen. Diese Entscheidung ist uns nicht leichtgefallen, doch bei vielen qualifizierten Bewerbungen geben oft nur kleine Details den Ausschlag. [2] Als Anlage erhalten Sie Ihre Bewerbungsunterlagen.

Sicher dauert es nicht lange, bis Sie eine neue Stelle finden. Wir drücken Ihnen die Daumen und wünschen Ihnen viel Erfolg und alles Gute. [3]

Freundliche Grüße

Metakom Seminare GmbH

Marlene König

Marlene König
Personalleiterin

Anlage
Bewerbungsunterlagen

Geschäftsräume: Diezer Straße 100, 65549 Limburg
Geschäftsführer: Werner Fischer
Internet: www.metakomseminare-wvd.de
USt-IDNr.: DE 345765115
Steuer-Nr.: 0 987 654 321
Registergericht: AG Limburg HRB 5656
Bankverbindungen:
Sparkasse Limburg, IBAN DE22 5009 0000 3434 5673 40, BIC HELADEF1LIM
Volksbank Limburg eG, IBAN DE77 5005 0000 3334 1234 50, BIC HELADEFFXXX

[1] Als Betreff genügt der Eingang der Bewerbung.

[2] Ohne diskriminierenden Grund kann der Bewerber keine AGG-Klage einreichen.

[3] Die guten Wünsche sollten nicht fehlen!

[1] Viel zu negativ und umständlich formuliert.

[2] Vorher also Belastung?

[3] Noch umständlicher und unpersönlicher geht es kaum.

Prima!	Nicht so gut!
+ Bitte haben Sie Verständnis dafür, dass wir Sie nicht einstellen können. Diese Entscheidung ist uns nicht leichtgefallen, doch bei vielen qualifizierten Bewerbungen geben oft nur kleine Details den Ausschlag.	– Zu unserem großen Bedauern [1] müssen wir Ihnen mitteilen, dass wir Sie nicht einstellen können.
+ Als Anlage erhalten Sie Ihre Bewerbungsunterlagen zurück.	– Zu unserer Entlastung [2] reichen wir Ihnen in der Anlage die uns freundlicherweise überlassenen Bewerbungsunterlagen zurück. [3]
+ Sicher dauert es nicht lange, bis Sie eine neue Stelle finden. Wir drücken Ihnen die Daumen und wünschen Ihnen viel Erfolg und alles Gute.	– Möglicherweise finden Sie schnell eine neue Stelle.

Weitere Formulierungshilfen rund um Bewerbung und Einstellung finden Sie in unseren BPW-Materialien unter www.westermanngruppe.de. Geben Sie dort die Bestellnummer dieses Buches ein.

1.2 Mitarbeiter verlassen die Firma

1.2.1 Ordentliche Kündigung

Aus arbeitsrechtlicher Sicht unterscheidet man die personen-, die verhaltens- und die betriebsbedingte Kündigung. Personenbedingte Kündigungen liegen vor, wenn der Mitarbeiter keine Eignung für die Stelle aufweist, eine lang andauernde Krankheit oder keine Arbeitserlaubnis hat. Für verhaltensbedingte Kündigungen liegen ein oder mehrere objektive Gründe vor, z. B. wenn der Mitarbeiter häufig zu spät kommt, unentschuldigt fehlt, die Arbeit verweigert, privat im Internet surft. Bei betriebsbedingten Kündigungen sind betriebliche Gründe maßgebend, z. B. sinkende Umsätze, Abteilungen werden umstrukturiert, Zweigstellen geschlossen und Ähnliches.

MERKE

Bei einer Kündigung müssen viele Punkte beachtet werden, damit sie rechtsgültig ist. Der entlassene Arbeitnehmer könnte sonst vor dem Arbeitsgericht Recht bekommen und müsste wieder eingestellt werden.

Denk dran!

- ✓ Die Kündigung erfolgt fristgerecht und schriftlich.
- ✓ Lassen Sie den Mitarbeiter den Empfang der Kündigung bestätigen. Die Kündigung per Einschreiben/Eigenhändig/Rückschein eignet sich nur bedingt. Sie gilt als nicht zugestellt, wenn der Empfänger sie nicht annimmt!
- ✓ Der Arbeitgeber beachtet die verlängerten Kündigungsfristen je nach Dauer der Betriebszugehörigkeit. Dabei können die gesetzlichen Vorgaben oder die Vorgaben aus dem Tarifvertrag unterschiedlich sein.
- ✓ Sie prüfen, ob dem Mitarbeiter eine Abfindung zusteht.
- ✓ Bei betriebsbedingten Kündigungen geben Sie den Grund an, auch wenn dies gesetzlich nicht vorgeschrieben ist.
- ✓ Bei Kündigungen von Berufsausbildungsverhältnissen müssen Sie den Grund angeben.
- ✓ Die Kündigung ist sozial nachvollziehbar, falls der Arbeitnehmer länger als sechs Monate beschäftigt ist oder der Betrieb mehr als fünf Mitarbeiter hat.
- ✓ Sie mahnen vor einer personen- oder verhaltensbedingten Kündigung ab.
- ✓ Der Betriebsrat wird in jedem Fall vorher angehört, sonst ist die Kündigung unwirksam.
- ✓ Werdende Mütter und Schwerbehinderte stehen unter einem besonderen Kündigungsschutz, auch Mitglieder des Betriebsrates.
- ✓ Ein Arbeitnehmer kann innerhalb von drei Wochen nach Zugang der Kündigung eine Kündigungsschutzklage anstrengen.

Kündigungsfristen (Stand 2011)

Arbeitnehmer kündigen das Arbeitsverhältnis vier Wochen vor dem 15. oder dem Ende des nachfolgenden Monats.

Fristen für Arbeitgeber: Der Arbeitgeber kündigt vier Wochen vor dem Ende eines Kalendermonats. Wenn ein Mitarbeiter mehr als zwei Jahre beschäftigt ist, verlängern sich die Kündigungsfristen:

Beschäftigung	Fristverlängerung
mehr als zwei Jahre	ein Monat
mehr als fünf Jahre	zwei Monate
mehr als acht Jahre	drei Monate
mehr als zehn Jahre	vier Monate
mehr als zwölf Jahre	fünf Monate
mehr als fünfzehn Jahre	sechs Monate
mehr als zwanzig Jahre	sieben Monate

HINWEIS **Beendet ein Arbeitnehmer sein Beschäftigungsverhältnis selbst, unterliegt er der gesetzlichen Kündigungsfrist, die verlängerten Fristen gelten nur für Arbeitgeber!**

„New Look“ verzeichnete im letzten Jahr einen großen Umsatzeinbruch. Die Geschäftsleitung beschließt daraufhin, die Organisationsabteilung aufzulösen und deren Arbeitsbereich der Verwaltung anzugliedern. Einige Mitarbeiter erhalten eine Änderungskündigung und können anderen Abteilungen zugeordnet werden, andere erhalten unter Berücksichtigung sozialer Aspekte die Kündigung.

In Absprache mit dem Betriebsrat soll der Mitarbeiter Markus Braun entlassen werden. Er gehört dem Unternehmen seit mehr als drei Jahren an, er ist unverheiratet. Sandra Kleinert beachtet die gesetzlichen Kündigungsfristen und schreibt die Kündigung, die die Inhaberin Janine Sellbacher unterschreibt. Sie weist Markus Braun darauf hin, dass er sich sofort bei der Agentur für Arbeit arbeitsuchend melden soll und er Anspruch auf eine Abfindung hat.

Checkliste betriebsbedingte Kündigung

- Der Arbeitgeber weist nach, welche betrieblichen Gründe der Weiterbeschäftigung entgegenstehen.
- Er kündigt nach einer Sozialauswahl und berücksichtigt dabei unter anderem:
  - **Dauer der Zugehörigkeit**
  - **Alter**
  - **Unterhaltspflichten**
  - **Schwerbehinderung des Mitarbeiters**

Beispiel für eine betriebsbedingte Kündigung

New Look
Janine Sellbacher e. Kffr.
WEB- UND WERBEAGENTUR

Ihre Web- und Werbeagentur

New Look • Web- und Werbeagentur • Postfach 25 25 25 • 60394 Frankfurt

Herrn
Markus Braun
Rheinstraße 135
63450 Hanau

Ihr Zeichen:
Ihre Nachricht vom:
Unser Zeichen: se-kl
Unsere Nachricht vom:

Name: Janine Sellbacher
Telefon: 069 9358-0
Telefax: 069 9358-215
E-Mail: info@newlook-wvd.de

Datum: 28. Januar 20..

Kündigung

Sehr geehrter Herr Braun,

seit 1. August 20.. sind Sie Mitarbeiter der Organisationsabteilung. Diese Abteilung müssen wir aus wirtschaftlichen Gründen auflösen. Ihr Arbeitsverhältnis kündigen wir fristgerecht zum 30. April 20.. Wir haben den Betriebsrat angehört, seine Stellungnahme erhalten Sie als Anlage. Melden Sie sich sofort bei der Agentur für Arbeit, damit Ihnen keine Leistungen gestrichen werden. Sie sind verpflichtet, sich durch eigene Initiative eine andere Beschäftigung zu suchen und jede zumutbare Möglichkeit bei der Suche und Aufnahme einer Beschäftigung zu nutzen. [1]

Sie haben nach § 1 a KSchG Anspruch auf eine Abfindung, wenn Sie innerhalb von drei Wochen keine Kündigungsschutzklage erheben. [1]

Bis zum Ende des Vertrages stehen Ihnen sieben Urlaubstage zu, sodass am 22. April 20.. Ihr letzter Arbeitstag ist. [2] Dann erhalten Sie ein qualifiziertes Arbeitszeugnis. Geben Sie bitte an diesem Tag die Schlüssel für die Abteilung und Ihren Spind zurück.

Wir bedauern sehr, dass wir Sie nicht weiterbeschäftigen können. Für Ihre berufliche Zukunft wünschen wir Ihnen alles Gute und freuen uns mit Ihnen, wenn Sie schnell einen neuen Arbeitsplatz finden. [3]

Freundliche Grüße

New Look

Janine Sellbacher

Janine Sellbacher

Anlage
Stellungnahme Betriebsrat

Geschäftsräume:	**Sitz der Firma:**	**Inhaberin:**	**USt-IDNr.:**	**Bankverbindungen:**	
Steuler Straße 5	Frankfurt	Janine Sellbacher e. Kffr.	DE 345765211	Sparkasse Frankfurt	Deutsche Bank
60599 Frankfurt	**Registergericht:**	**Internet:**	**Steuer-Nr.:**	IBAN DE15 5009 0000	IBAN DE22 5004 4455
	AG Frankfurt HRB 5000	www.newlook-wvd.de	0 654 321 987	1234 5678 90	0113 0072 30
				BIC HELADEF1FFM	BIC DEUTDEDBFRA

[1] Diese Hinweise müssen Sie in Ihrem Kündigungsschreiben angeben!

[2] Nennen Sie den letzten Arbeitstag und informieren Sie über den Resturlaub.

[3] Dieser Abschlusssatz und ein gutes Arbeitszeugnis sind wichtig für die neue Bewerbung.

1.2.2 Außerordentliche Kündigung

Die außerordentliche (fristlose) Kündigung beendet das Arbeitsverhältnis sofort. Die tarifvertraglichen oder gesetzlichen Fristen gelten nicht. Ein Grund kann Diebstahl sein (auch bei geringen Werten: privat mit dem Firmentelefon telefonieren oder eigenen Akku aufladen ...). Weitere vertragliche Verletzungen sind beispielsweise: beharrlich die Arbeit verweigern, eigenmächtig den Urlaub verlängern, Spesen falsch berechnen, schwere Beleidigungen oder Gewalt, Alkohol trotz Verbots konsumieren. Solche Verstöße führen zur sofortigen Kündigung. Ist ein Arbeitnehmer abgemahnt (siehe Abschnitt 1.2.3), kann eine fristlose Kündigung folgen, wenn der Arbeitnehmer sein Verhalten nicht ändert.

HINWEIS **Jeder Fall ist ein Einzelfall. Prüfen Sie vor einer fristlosen Kündigung, ob der Kündigungsgrund einer Klage standhalten kann. Dies übernimmt am besten ein Rechtsanwalt oder Ihre Rechtsabteilung. Hat Ihr Unternehmen einen Betriebsrat, wird er vor einer Kündigung gehört, sonst ist diese unwirksam. Urlaubsansprüche werden in der Regel ausbezahlt.**

„Metakom Seminare" vermissen den neuen Laptop, der für Seminarveranstaltungen gekauft wurde. Mit einem Rundschreiben bittet die Geschäftsleitung um Mithilfe, den Diebstahl aufzuklären. Eine Mitarbeiterin beobachtete Steffen Weimar vorgestern dabei, wie er einen Laptop in seine Aktentasche steckte. Er gibt an, er sei sein Eigentum, er habe ihn in die Firma mitgebracht, weil er zu Hause eine PowerPoint-Präsentation vorbereitet habe. Das bezweifelt das Unternehmen und informiert die Polizei entsprechend, die bei einer Hausdurchsuchung den vermissten Laptop findet.

Die Geschäftsleitung kündigt das Arbeitsverhältnis fristlos, der Betriebsrat ist einverstanden. Lea Münch schreibt die Kündigung kurz und sachlich, sie erwähnt die erforderlichen Fakten und verzichtet bei dieser Situation auf „höfliche" Formulierungen. Der Geschäftsführer Werner Fischer unterschreibt die Kündigung.

Lea Münch wählt für die Kündigung die zusätzlichen Leistungen: Einschreiben – Rückschein – Eigenhändig. Dieses Schreiben überbringt der Postbote persönlich an Steffen Weimar. Er bestätigt auf dem Rückschein mit seiner Unterschrift, dass er die Kündigung erhalten hat.

Beispiel für eine fristlose Kündigung

METAKOM SEMINARE GmbH

Metakom Seminare GmbH • Postfach 25 26 • 65531 Limburg
Einschreiben Rückschein Eigenhändig
Herrn
Steffen Weimar
In der Grünen Au 9
65232 Taunusstein

Ihr Zeichen:
Ihre Nachricht vom:
Unser Zeichen: fi/mü
Unsere Nachricht vom:

Name: Werner Fischer
Telefon: 06431 5893-0
Telefax: 06431 5893-215
E-Mail: info@metakomseminare-wvd.de

Datum: 14.11.20..

Fristlose Kündigung

Sehr geehrter Herr Weimar,

wir kündigen das Arbeitsverhältnis fristlos wegen Diebstahls eines neuen Laptops. Sie wurden dabei von einer Zeugin beobachtet; die Polizei hat den Laptop in Ihrer Wohnung am 13. November 20.. sichergestellt.

Der Betriebsrat hat der fristlosen Kündigung zugestimmt.

Ihren Resturlaub von vier Tagen zahlen wir Ihnen mit dem letzten Gehalt aus.

Melden Sie sich sofort bei der Agentur für Arbeit, damit Ihnen keine Leistungen gestrichen werden. Sie sind verpflichtet, sich durch eigene Initiative eine andere Beschäftigung zu suchen und jede zumutbare Möglichkeit bei der Suche und Aufnahme einer Beschäftigung zu nutzen.

Freundliche Grüße

Metakom Seminare GmbH

Werner Fischer

Werner Fischer

Geschäftsräume:
Diezer Straße 100
65549 Limburg

Geschäftsführer:
Werner Fischer
Internet:
www.metakomseminare-wvd.de

USt-IDNr.: DE 345765114
Steuer-Nr.: 0 987 654 321
Registergericht: AG Limburg HRB 5656

Bankverbindungen:
Sparkasse Limburg
IBAN DE22 5009 0000 3434 5673 40
BIC HELADEF1LIM

Volksbank Limburg eG
IBAN DE77 5005 0000 3334 1234 50
BIC HELADEFFXXX

1.2.3 Abmahnungen

Ein Arbeitnehmer kommt häufig zu spät zur Arbeit, er überzieht Pausen, er erledigt die Arbeiten fehlerhaft oder nicht termingerecht, er betreibt Mobbing, er bringt mangelhafte Leistungen, er telefoniert privat ... Nur einige der vielen Gründe, die zur Abmahnung führen. Der Arbeitgeber gibt mit dieser „gelben Karte" eine letzte Chance, das Verhalten zu ändern.

Checkliste für eine Abmahnung
● Schreiben Sie die Abmahnung zeitnah, so zeigt sie Wirkung.
● Verwenden Sie als Betreffangabe „Abmahnung".
● Beschreiben Sie das Fehlverhalten genau, nennen Sie Datum und Uhrzeit.
● Erläutern Sie den Vertragsverstoß und führen Sie gegebenenfalls Zeugen auf.
● Weisen Sie deutlich auf Konsequenzen hin: Weitere Verstöße bedeuten Kündigung.
● Lassen Sie sich vom Mitarbeiter quittieren, dass er die Abmahnung erhalten hat. Einschreiben - Rückschein genügt nicht, wenn der Empfänger die Briefsendung nicht entgegennimmt. Dann gilt der Brief als nicht zugestellt.

HINWEIS **Mündliche Abmahnungen reichen als Grundlage für eine Kündigung möglicherweise nicht aus, denn bei einer späteren Kündigungsschutzklage liegt die Beweislast beim Arbeitgeber. Spätestens nach der zweiten Abmahnung sollte die Kündigung erfolgen, sonst werden die vorhergehenden Abmahnungen in ihrer Aussage entkräftet.**

„New Look" hat vor sieben Monaten Sybille Stein als Kauffrau für Büromanagement in der Organisationsabteilung eingestellt. Bereits während der Probezeit kam sie häufiger einige Minuten zu spät ins Büro. Sie arbeitete diese Zeit dann nach, daher ermahnte sie das Unternehmen nur mündlich. Nach Ablauf der Probezeit änderte sich das Verhalten von Sybille Stein, sie kam häufig zu spät oder sie ging früher, zusätzlich benutzte sie den Internetanschluss von „New Look", um ihre privaten E-Mails abzurufen.

Der Leiter der Organisationsabteilung, Manfred Kespe, protokolliert das Fehlverhalten von Sybille Stein und schreibt eine Abmahnung, die die Inhaberin Janine Sellbacher unterschreibt. Manfred Kespe überreicht die Abmahnung bei einem persönlichen Gespräch. Sybille Stein bestätigt mit ihrer Unterschrift, dass sie das Schreiben erhalten hat.

Beispiel für eine Abmahnung

Janine Sellbacher e. Kffr.
WEB- UND WERBEAGENTUR

Ihre Web- und Werbeagentur

New Look • Web- und Werbeagentur • Postfach 25 25 25 • 60394 Frankfurt

Frau
Sybille Stein
Ahornweg 35
64299 Darmstadt

Ihr Zeichen:
Ihre Nachricht vom:
Unser Zeichen: se-ke
Unsere Nachricht vom:

Name: Janine Sellbacher
Telefon: 069 9358-0
Telefax: 069 9358-215
E-Mail: info@newlook-wvd.de

Datum: 21. April 20..

Abmahnung

Sehr geehrte Frau Stein,

Sie sind am 19. April erst um 08:30 Uhr zur Arbeit erschienen. Am 22. April beendeten Sie Ihre Arbeit bereits um 15:35 Uhr, obwohl Ihr Dienstbeginn um 08:00 Uhr und das Dienstende um 16:30 Uhr ist. Martin Schneider beobachtete mehrmals, zuletzt am 20. April um 10:14 Uhr, dass Sie Ihre privaten E-Mails abriefen.

Trotz mehrmaliger mündlicher Aufforderungen haben Sie Ihr vertragswidriges Verhalten nicht geändert. Kommen Sie bitte ab sofort Ihren Pflichten aus dem Arbeitsvertrag nach. Wir werden ihn kündigen, wenn Sie Ihre Verhaltensweise nicht ändern.

Eine Kopie der Abmahnung nehmen wir zu Ihren Personalakten, eine weitere Kopie erhält der Betriebsrat.

Freundliche Grüße

New Look

Janine Sellbacher

Janine Sellbacher

Bestätigung

Die Abmahnung habe ich heute erhalten. Ich habe den Inhalt gelesen und verstanden.

Ort, Datum   Unterschrift

1.3 Arbeitszeugnisse

Jedem Mitarbeiter steht ein Arbeitszeugnis zu, wenn er ein Unternehmen verlässt. Ein einfaches Arbeitszeugnis enthält im Wesentlichen: Angaben zur Firma, Name des ausscheidenden Mitarbeiters mit Geburtsdatum und -ort, Ein- und Austrittsdatum, Stellenbezeichnung bzw. ausgeübte Funktion, Schwerpunkte der Tätigkeit, evtl. Verantwortungsbereich, evtl. Zeichnungsberechtigung (z. B. Prokura), evtl. Versetzungen innerhalb des Unternehmens, Beförderungen und Ähnliches.

HINWEIS **Ein einfaches Arbeitszeugnis sagt nichts über die Arbeitsqualität oder das Verhalten aus!**

Lassen Sie sich ein **Zwischenzeugnis** ausstellen, wenn Sie innerhalb des Unternehmens die Abteilung wechseln oder wenn Sie einen neuen Vorgesetzten bekommen.

1.3.1 Qualifizierte Arbeitszeugnisse

Gute qualifizierte Arbeitszeugnisse sind die Visitenkarte des Arbeitnehmers. Sie helfen ihm, schnell eine neue Stelle zu finden.

Zusätzlich zum einfachen Arbeitszeugnis werden erwähnt:
besonders hervorzuhebende Leistungen und Kompetenzen
persönliche Merkmale (Auffassungsgabe, Problemlösungsfähigkeit, Teamfähigkeit, Arbeitsweise, Zuverlässigkeit, Eigeninitiative, Denk- und Urteilsvermögen, Fortbildungsbereitschaft, bei Vorgesetzten auch Führungseigenschaften)
Grund, warum das Zeugnis erstellt wird, zum Beispiel der Wechsel in einen anderen Unternehmensbereich oder weshalb das Arbeitsverhältnis beendet wird, z. B. „Frau May verlässt uns auf eigenen Wunsch."
in der Abschiedsformel: das Ausscheiden bedauern, für die Arbeit danken, Wünsche für die berufliche und private Zukunft äußern
besondere Fertigkeiten und Kenntnisse, bei Azubis: Ausbildungs- und Lernbereitschaft sowie Arbeitsweisen

Max Falk schreibt nach der Kündigung von Alexander Wies das Arbeitszeugnis. Er ist sich der großen Verantwortung bewusst, er kennt die „geheime" Zeugnissprache und wählt die passenden Formulierungen für das Arbeitszeugnis, damit Alexander Wies ein gerechtes und gutes Zeugnis erhält. Als Grundlage verwendet er den Beurteilungsbogen, den er vom Vorgesetzten erhalten hat. Max Falk verwendet den Repräsentationsbogen des Unternehmens. Das Zeugnis trägt das Datum des Ausscheidens. Die Inhaberin Janine Sellbacher unterschreibt das Zeugnis.

Beurteilungsbogen für Arbeitszeugnisse

☒ Qualifiziertes Zeugnis	☐ Zwischenzeugnis

Vor- und Familienname, evtl. Geburtsname:	Alexander Wies
Geburtsdatum, -ort, evtl. Land:	1990-05-27, Limburg
Eintrittsdatum:	20..-01-01
Austrittsdatum:	20..-04-30

Stellenbezeichnung	**Bereich**	**Zeitraum**
Kaufmännischer Mitarbeiter	Organisationsabteilung	20..-01-01 bis 20..-04-30

Stellenbeschreibung

siehe Anlage

Fachwissen/Erfahrung	☐ sehr gut	☒ gut	☐ zufriedenstellend
Einsatzbereitschaft	☐ sehr gut	☒ gut	☐ zufriedenstellend
Arbeitserfolg/ Ergebnisse	☐ sehr gut	☒ gut	☐ zufriedenstellend
besondere Leistungen/Ergebnisse			
Gesamtbeurteilung Arbeitserfolg	☐ sehr gut	☒ gut	☐ zufriedenstellend

Weiterbildungsengagement	☒ sehr gut	☐ gut	☐ zufriedenstellend

Persönliche Eigenschaften

☐ selbstständig	☐ kreativ	☐ genau/sorgfältig	☒ zuverlässig
☒ methodisch/planvoll	☐ flexibel	☒ verantwortungsbewusst	☒ erfolgreich
☐ analytisch	☐ schnell	☐ leistungsorientiert	☒ zielstrebig
☐ eigeninitiativ	☐ sicher	☒ ergebnisorientiert	☐ effizient
Gesamtbeurteilung pers. Eigenschaften	☒ sehr gut	☐ gut ☐ zufriedenstellend	☐ unterdurchschnittlich

Sozialverhalten gegenüber

Vorgesetzten/Kollegen	☒ sehr gut	☐ gut	☐ zufriedenstellend
Kunden/Geschäftspartnern	☒ sehr gut	☐ gut	☐ zufriedenstellend
anderen Mitarbeitern	☒ sehr gut	☐ gut	☐ zufriedenstellend

Zeugnisart:

Zwischenzeugnis	☐ Versetzung	☐ Elternzeit	☐ Vorgesetztenwechsel
Endzeugnis	☒ AN-Kündigung	☐ AG-Kündigung	☐ Einvernehmen

Abschließende Zeugnisbemerkungen
Verlässt Unternehmen auf eigenen Wunsch, Dank für geleistete Arbeit und Bedauern Ausscheiden, gute Wünsche für die Zukunft

Frankfurt, 20..-04-26 Jan Etzel

Beispiel für ein Arbeitszeugnis

Janine Sellbacher e. Kffr.
WEB- UND WERBEAGENTUR

Ihre Web- und Werbeagentur

Arbeitszeugnis

Herr Alexander Wies, geboren am 27. Mai 1990 Limburg, war in der Zeit vom 1. Jan. 20.. bis 30. April 20.. als Kaufmann für Büromanagement in unserem Hause beschäftigt.

Als Web- und Werbeagentur organisiert „New Look" Messen und Events aller Art, erstellt für andere Unternehmen professionelle Websites und bietet umfangreiche Softwarelösungen an.

Zu den Aufgaben von Herrn Alexander Wies gehörten folgende Tätigkeiten:

- **Personalakten verwalten und führen, z. B. Arbeits- und Fehlzeiten erfassen**
- **Fristen und Termine eigenverantwortlich überwachen**
- **Schriftverkehr selbstständig erledigen**
- **Eingangsrechnungen kontrollieren**
- **Ausgangsrechnungen erstellen**
- **Zahlungen veranlassen**
- **Besucher empfangen und betreuen**

Herr Alexander Wies hat ein vielseitiges Fachwissen, das er sicher und effizient in die Praxis umsetzt und regelmäßig durch innerbetriebliche und außerbetriebliche Schulungen erweitert.

Als engagierter Mitarbeiter erledigte er seine Aufgaben selbstständig, zuverlässig, gewissenhaft und erfolgreich. Herr Wies zeichnet sich durch seine umsichtige Arbeitsweise aus. Unter starker Belastung behält er die Übersicht und erzielte stets gute Ergebnisse. Seine Leistungen haben immer unsere volle Anerkennung gefunden.

Aufgrund seiner offenen, hilfsbereiten und freundlichen Art wurde Herr Alexander Wies auch persönlich sehr geschätzt. Sein Verhalten gegenüber Vorgesetzten, Kollegen und Kunden war stets einwandfrei.

Herr Alexander Wies verlässt unser Unternehmen auf eigenen Wunsch, um eine neue Herausforderung anzunehmen. Mit ihm verlieren wir eine gute Fachkraft, deshalb bedauern wir sein Ausscheiden sehr. Wir danken ihm für seine stets guten Leistungen und wünschen ihm für seinen weiteren Berufs- und Lebensweg alles Gute und weiterhin viel Erfolg.

30. April 20..

New Look

Janine Sellbacher

Janine Sellbacher

Inhaberin Janine Sellbacher e. Kffr., Steuler Straße 5, 60599 Frankfurt
Telefon: 069 9358-0, Internet: www.newlook-wvd.de

Aufbau eines qualifizierten Arbeitszeugnisses
Überschrift „Zeugnis“
Vor- und Zunamen, gegebenenfalls Geburtsname, Geburtsdatum und Geburtsort
Beginn und Ende der Beschäftigung mit genauem Datum
evtl. Kurzbeschreibung des Unternehmens
Genaue Tätigkeitsbeschreibung (Haupt- und Nebentätigkeiten)
Leistungsbeurteilung: a) Beurteilung der Arbeitsbereitschaft und der Arbeitsbefähigung b) Beurteilung der Arbeitsweise c) spezielle Fähigkeiten und Kenntnisse erwähnen d) evtl. Führungskompetenzen e) Schlussteil der Leistungsbeurteilung
Verhalten gegenüber Vorgesetzten, Mitarbeitern und Kunden und/oder Geschäftspartnern
Gründe für das Ausscheiden
Schlusssatz mit Bedauern, Dank und guten Wünschen
Ort und Datum, Unternehmen, Unterschrift

Folgende Punkte gehören nicht ins Arbeitszeugnis:

Nicht erlaubt!

- **negative Formulierungen**
- **Hervorhebung einzelner Textpassagen**
- **Kündigungsgrund**
- **Fehlzeiten oder Krankheiten**
- **negative Beobachtungen und Bemerkungen**
- **Abmahnungen**
- **Leistungsabfall**
- **Alkoholabhängigkeit**
- **Behinderungen**
- **Betriebsratstätigkeit, Mitglied einer Gewerkschaft oder Partei**
- **Telefonnummer und/oder Ansprechpartner**

1.3.2 „Geheimsprache“ in Arbeitszeugnissen

Arbeitszeugnisse müssen wahr, vollständig und wohlwollend sein, sie dürfen keine negativen Formulierungen enthalten. Mit der „Geheimsprache“ lassen sich die Zeugnisse nach Noten interpretieren. Dies kann – obwohl das Zeugnis positiv formuliert ist – am Ende ein vernichtendes Urteil über den Mitarbeiter abgeben. Solche Mitarbeiter haben kaum eine Chance auf dem Arbeitsmarkt.

HINWEIS

Vielen Unternehmen ist die „Macht dieser Worte“ nicht bewusst und sie erstellen Arbeitszeugnisse, die dem ausscheidenden Mitarbeiter nicht gerecht werden. Wehren Sie sich, wenn Sie mit Ihrem Arbeitszeugnis nicht einverstanden sein sollten.

Verschlüsselungen. Details können die Aussage des Zeugnisses enorm schwächen. Negativ ist es, wenn die Reihenfolge verändert wird, z. B.: „Das Verhalten von Frau May gegenüber Mitarbeitern und Vorgesetzten war stets tadellos.“ Weil der Vorgesetzte an zweiter Stelle erwähnt wird, ist das Verhalten nur „befriedigend“. Oder: „Wir haben uns im gegenseitigen Einverständnis getrennt.“ In diesem Falle hätte der Arbeitgeber sowieso gekündigt. Beim folgenden Beispiel fehlt der Grund, d. h., der Arbeitgeber kündigt, weil er einen eventuell unbequemen Mitarbeiter loswerden möchte: „Das Arbeitsverhältnis endet am 30. April 20..“ Stutzig werden künftige Arbeitgeber auch, wenn selbstverständliche und unbedeutende Arbeitsleistungen besonders hervorgehoben werden.

Ein passiver Satzbau kann auf einen unselbstständigen Mitarbeiter hinweisen: „Ihm wurden folgende Aufgaben übertragen/gezeigt: ...“ Ein weiteres Beispiel: „Seine Arbeitsleistung war nicht zu beanstanden.“ Das bedeutet nicht, dass die Arbeitsleistung gut war.

Wenn wichtige Eigenschaften/Kompetenzen fehlen, lässt sich das so interpretieren, dass es in diesem Bereich Schwierigkeiten gab.

Positiv im "Dreierpack"

Das Ausscheiden bedauern, für die Arbeit danken und gute Wünsche für die Zukunft aussprechen: Fehlt eine oder gar zwei dieser Angaben, dann ist das Zeugnis abgewertet! Ebenfalls negativ: „Wir wünschen ihm für die berufliche und private Zukunft alles Gute, vor allem Gesundheit.“ Das bedeutet, der Mitarbeiter war länger oder häufig krank.

„Wir wünschen Herrn Müller für seine berufliche Zukunft Erfolg.“ Weil das Wörtchen „weiterhin“ vor Erfolg fehlt, drückt das aus: Er hatte bisher keinen.

Das ist nicht fair!

Ein schwarzer unauffälliger Punkt am Seitenrand oder ein senkrechter Strich vor der Unterschrift signalisiert Gewerkschaftsengagement/-mitgliedschaft. Ein „Ausrutscher“ bei der Unterschrift mit dem Stift nach links oder nach rechts bedeutet jeweils Mitglied einer links- bzw. rechtsgerichteten Organisation. Eine Telefonnummer im Arbeitszeugnis signalisiert: Da gibt es noch mehr zu sagen. Das sind nur einige Beispiele, wie man anderen Personalverantwortlichen „Negatives“ mitteilen kann.

Hat ein Auszubildender die Abschlussprüfung nicht bestanden, darf das im Zeugnis erwähnt werden. HINWEIS

Informieren Sie sich weiter auf **www.arbeitszeugnis-code.de**, **www.jobworld.de** und **www.zeugnisdeutsch.de** oder auf vielen weiteren interessanten Internetseiten.

Formulierungsbeispiele und ihre Bedeutungen
Sehr gute Beurteilungen werden häufig durch Superlative ausgedrückt. „Sie hat ihre Aufgaben stets zu unserer vollsten Zufriedenheit ausgeführt." Dieser Superlativ ist zwar grammatikalisch falsch, er gehört aber zu dem standardisierten Code der Zeugnissprache. „Stets zur vollsten Zufriedenheit" bedeutet hier „Note 1", „stets zur vollen Zufriedenheit" entspricht der „Note 2".

Bewertung der Arbeitsleistungen:

Sehr gute Leistungen
Er hat seine Arbeiten stets zu unserer vollsten Zufriedenheit erledigt.
Wir waren mit seinen Leistungen in jeder Hinsicht außerordentlich zufrieden.
Seine Leistungen haben in jeder Hinsicht unsere vollste Anerkennung gefunden.

Gute Leistungen
Er hat seine Aufgaben stets zu unserer vollen Zufriedenheit erledigt.
Wir waren mit seinen Leistungen voll und ganz zufrieden.
Seine Leistungen haben unsere volle Anerkennung gefunden.
Er hat unseren Erwartungen/Anforderungen in bester Weise entsprochen.

Befriedigende Leistungen
Er hat seine Arbeiten zu unserer vollen Zufriedenheit erledigt.
Wir waren mit seinen Leistungen voll/jederzeit zufrieden.
Er hat unseren Erwartungen in jeder Hinsicht entsprochen.

Ausreichende Leistungen
Er hat seine Arbeiten zu unserer Zufriedenheit erledigt.
Wir waren mit seinen Leistungen zufrieden.

Mangelhafte Leistungen
Er hat seine Arbeiten im Großen und Ganzen zu unserer Zufriedenheit erledigt.
Seine Leistungen haben unseren Erwartungen entsprochen.
Er war immer mit Interesse bei der Sache.

Unzureichende Leistungen
Er hat sich bemüht, seine Arbeiten zu unserer Zufriedenheit zu erledigen.
Er hat sich bemüht, unseren Erwartungen/Anforderungen zu entsprechen.
Er konnte unseren Erwartungen entsprechen.
Er zeigte für seine Arbeit Verständnis.

Bewertung des Sozialverhaltens

Das wird gesagt	Das ist gemeint
Er war stets freundlich und aufmerksam.	Er war ein angenehmer Mitarbeiter.
Er war an selbstständiges Arbeiten gewöhnt und genoss unser vollstes Vertrauen.	Er war ein zuverlässiger und selbstständiger Mitarbeiter.
Er hat alle Arbeiten ordnungsgemäß erledigt.	Er ist ein Bürokrat. Eigeninitiative ist nicht seine Stärke.
Er erledigte alle Arbeiten mit großem Fleiß und Interesse.	Er war eifrig, aber nicht besonders tüchtig.
Mit seinen Vorgesetzten ist er gut zurechtgekommen.	Er ist Mitläufer, der sich gut anpasst.
Er war tüchtig und wusste sich gut zu verkaufen.	Er ist ein unangenehmer Mitarbeiter.
Wegen seiner Pünktlichkeit war er stets ein gutes Vorbild.	Er war in jeder Hinsicht eine Niete, seine Leistungen liegen unter dem Durchschnitt.

Das wird gesagt	Das ist gemeint
Er bemühte sich, den Anforderungen gerecht zu werden. *Oder:* Er hat sich im Rahmen seiner Fähigkeiten eingesetzt.	Er hat versagt. *Oder:* Er hat getan, was er konnte, aber das war nicht viel.
Im Kollegenkreis galt er als toleranter Mitarbeiter.	Für Vorgesetzte ist er ein schwerer Brocken.
Wir lernten ihn als umgänglichen Mitarbeiter kennen.	Viele Mitarbeiter sahen ihn lieber von hinten als von vorn.
Er ist ein zuverlässiger/gewissenhafter Mitarbeiter.	Er ist zur Stelle, wenn man ihn braucht, aber er ist nicht immer brauchbar.
Durch seine Geselligkeit trug er zur Verbesserung des Betriebsklimas bei.	Er neigt zu übertriebenem Alkoholgenuss.
Innerhalb und außerhalb unseres Unternehmens trat er stets engagiert für die Interessen seiner Kollegen ein.	Er war Mitarbeiter des Betriebsrates.
Gegenüber seinen Mitarbeitern bewies er immer umfassendes Einfühlungsvermögen.	Er ist homosexuell.
Für die Belange der Belegschaft bewies er stets Einfühlungsvermögen.	Er war ständig auf der Suche nach sexuellem Kontakt.

Formulierungen zum Austrittsgrund

Das wird gesagt	Das ist gemeint
Er verlässt uns auf eigenen Wunsch. Wir bedauern sein Ausscheiden sehr und wünschen für die Zukunft alles Gute.	Die Firma verliert ihn sehr ungern.
Er verlässt uns auf eigenen Wunsch. Wir bedauern sein Ausscheiden und wünschen für die Zukunft alles Gute.	Die Firma verliert ihn ungern.
Er verlässt uns auf eigenen Wunsch.	Er hinterlässt keine Lücke.
Er verlässt uns im gegenseitigen Einvernehmen.	Die Firma hat gekündigt.
Keine Bemerkungen zum Austrittsgrund.	Die Firma hat gekündigt.

Negative Schlussformeln

Das wird gesagt	Das ist gemeint
Unsere besten Wünsche begleiten ihn.	Ironisch gemeinte Schlussformel, die auf arbeitgeberseitige (fristlose) Kündigung hindeutet.
Wir wünschen ihm für die Zukunft alles nur erdenklich Gute.	dto.
Wir wünschen ihm vor allem Gesundheit.	dto.
Für seine Mitarbeit bedanken wir uns.	Ironische Umstellung der üblichen Formel „Wir bedanken uns für ...", die bedeutet: Gut, dass er weg ist.
Wir wünschen ihm für die Zukunft alles Gute, auch Erfolg.	Mangelhafte Leistungsbewertung.
Wir wünschen ihm für seinen weiteren Weg in einem anderen Unternehmen viel Erfolg.	Möge er woanders erfolgreich sein.
Wir hoffen, dass er seine Leistungsfähigkeit in einem anderen Unternehmen voll entfalten kann.	Ebenfalls eine mangelhafte Bewertung.
Wir wünschen ihm, dass er künftig viel Erfolg haben wird.	Einen Erfolg, den er bisher noch nicht hatte.

Aufgaben

1-1 Eigene Bewerbung

Recherchieren Sie in der Samstagsausgabe Ihrer Tageszeitung oder im Internet nach Stellenangeboten, die für Sie passen. Analysieren Sie die Stellenangebote und prüfen Sie, ob Sie dem Stellenprofil entsprechen. Erstellen Sie Ihr eigenes Bewerbungsprofil (Fachkenntnisse, persönliche und soziale Kompetenzen ...) und schreiben Sie eine Bewerbung.

1-2 Einladung zum Vorstellungsgespräch

Das Unternehmen „Metakom Seminare" möchte Ralf Greinert kennen lernen, der sich heute mit einer E-Mail für die freie Stelle als Sachbearbeiter in der Verwaltung beworben hat. Seinen Lebenslauf und seine Zeugnisse hat er als PDF-Datei mitgeschickt.

Laden Sie Ralf Greinert mit einer E-Mail zu einem Vorstellungsgespräch am Mittwoch nächster Woche um 11:00 Uhr ein und bitten Sie ihn, seine Bewerbungsunterlagen zum Gespräch mitzubringen.

E-Mail-Adresse: ralf.greinert@wvd.de

1-3 Betriebsbedingte Kündigung

Die Umsätze von „New Look" sanken im letzten Geschäftsjahr erheblich. Die Inhaberin beschloss, drei Arbeitsplätze einzusparen. Unter anderem soll Franziska Möller aus der Allgemeinen Verwaltung entlassen werden. Sie ist 28 Jahre alt und ledig, sie gehört dem Unternehmen seit vier Jahren an. Schreiben Sie die Kündigung mit heutigem Datum und beachten Sie die Kriterien und die Kündigungsfristen.

Anschrift: Franziska Möller, Klemensstraße 107 // W 308, 60597 Frankfurt

1-4 Außerordentliche Kündigung

„Metakom Seminare" kündigen das Arbeitsverhältnis von Monika Braun fristlos. Sie kam nach ihrem Urlaub am Montag nicht zur Arbeit und meldete sich auch nicht krank. In einem Telefonat erklärte sie Ihnen heute, sie habe diese Woche keine Lust zu arbeiten und wolle den Urlaub um ein paar Tage verlängern. In Absprache mit dem Betriebsrat erhält sie die fristlose Kündigung.

Anschrift: Monika Braun, Parkallee 85, 65549 Limburg

Weitere Aufgaben, z. B. zu Abmahnungen und Arbeitszeugnissen, finden Sie in unseren BPW-Materialien unter www.westermanngruppe.de. Geben Sie dort die Bestellnummer dieses Buches ein.

[ ] nur teilweise folgen
oder
[ ] nicht folgen
weil

2 Inner- und außerbetriebliche Mitteilungen

Eingangssituationen

Julia Neumann arbeitet als Auszubildende im dritten Ausbildungsjahr in der **„Fahrradgroßhandlung Klaus Koslowski GmbH“** in Marburg. Die Firma beliefert Einzelhändler, Super- und Baumärkte in der Region mit Fahrrädern und Zubehör. Julia hat inzwischen alle Abteilungen des Betriebes kennen gelernt und erledigt viele Arbeiten selbstständig.

Sie kommuniziert mit Kunden und Lieferanten und erstellt inner- und außerbetriebliche Mitteilungen.

Die **„Office & More OHG“** hat ihren Sitz in Braunschweig. Die Firma bietet die gesamte Produktpalette in den Bereichen Informations- und Kommunikationstechnologie sowie Büroeinrichtung und Bürobedarf an. Die Artikel können konventionell oder auch mithilfe elektronischer Medien bestellt werden.

Meryem Akzoy steht als Auszubildende dieser Firma kurz vor ihrer Abschlussprüfung und bearbeitet verschiedene Sachverhalte. Sie schreibt Aktennotizen, Informationen an Mitarbeiter und Kunden sowie Kurzmitteilungen.

Das Unternehmen **„Metakom Seminare GmbH“** aus Limburg plant die Neuausstattung eines Seminarraumes. Sabine Gabel als Mitarbeiterin der Organisationsabteilung führt das Protokoll bei einer Abteilungsleitersitzung.

Lernziele

Betriebe korrespondieren nicht nur extern mit Kunden und Lieferanten. Mitarbeiter erhalten auch innerhalb eines Betriebes viele Informationen.

Für inner- und außerbetriebliche Mitteilungen reicht es oft aus, wenn Sie Vorlagen und Vordrucke verwenden oder sie formlos erstellen. Das spart Zeit und Kosten, Sie müssen also nicht immer einen Geschäftsbrief schreiben.

In vielen Fällen können Sie die bereits in Textverarbeitungsprogrammen vorhandenen Formulare nutzen.

MERKE

Viele Schriftstücke in einem Betrieb dienen nur internen Zwecken. Auch solche Mitteilungen sollten inhaltlich und sprachlich die Anforderungen moderner Korrespondenz erfüllen.

Bei der externen Korrespondenz wird nicht immer ein Geschäftsbrief erstellt. Manchmal sind Vordrucke schneller und kostengünstiger.

Lernziele

- → Sie wissen, welche Schriftstücke und Vordrucke es für inner- und außerbetriebliche Mitteilungen gibt.
- → Sie setzen solche Schriftstücke und Vordrucke situationsgerecht ein, kennen Möglichkeiten ihrer (elektronischen) Übermittlung und vereinfachen damit die Korrespondenz.
- → Sie kennen die Gestaltungsgrundsätze von (Online-)Vordrucken und wenden diese an.
- → Sie nutzen die in einem Textverarbeitungsprogramm vorhandenen (Online-) Vordrucke und erstellen eigene Formulare.
- → Sie kennen die verschiedenen Protokolle und deren Aufbau sowie die Protokollsprache.

2.1 Individuelle Mitteilungen

2.1.1 Akten-, Gesprächs- und Telefonnotizen

Der Hersteller „Fahrradwerke Rheinland" lieferte dem „Fahrradgroßhandel Klaus Koslowski" die bestellten Fahrräder in der falschen Farbe. Die Fahrräder waren für „Funsport Marburg", einen Fahrrad-, Outdoor- und Sportartikelhändler, bestimmt. Julia Neumann informiert deswegen Alex Schmidt, Mitarbeiter der „Funsport Marburg", telefonisch über die sich verzögernde Lieferung und erstellt eine individuelle Gesprächsnotiz. Dafür benutzt sie ein Formblatt mit den wichtigsten Infopunkten.

Beispiel für eine Gesprächsnotiz

FAHRRAD GROSSHANDEL KLAUS KOSLOWSKI GMBH

GESPRÄCHSNOTIZ

über:	☐ persönliches Gespräch ☒ Telefongespräch
Datum und Uhrzeit:	16.05.20..
Gesprächspartner(in):	Herr Alex Schmidt
Firma:	Funsport Marburg GmbH
Telefon:	06421 334455
Telefax:	
E-Mail:	
Inhalt des Gesprächs:	Drei bestellte Räder RTX-90 hat der Hersteller in der falschen Farbe geliefert. Reklamation ist bereits erfolgt. Neue Lieferung in ca. drei Tagen.
Was muss veranlasst werden?	Erneuter Anruf, wenn die Räder hier eingetroffen sind.
Unterschrift:	Julia Neumann

Für solche Notizen gibt es keine allgemeingültigen Vorgaben. Bei aller Kürze sollen sie jedoch die wesentlichen Inhalte, insbesondere Gesprächsergebnisse und Vereinbarungen, enthalten. Vordrucke erleichtern durch ihren sachlogischen Aufbau die Arbeit.

MERKE

Halten Sie wesentliche Informationen aus persönlichen Gesprächen und Telefonaten als Gedächtnisstütze fest. Damit dokumentieren und beweisen Sie bestimmte Sachverhalte. Versehen Sie die Notiz mit dem eigenen Namenszeichen oder der persönlichen Unterschrift, gegebenenfalls auch mit ergänzenden Abkürzungen wie „gez. = gezeichnet" oder „F. d. R. = Für die Richtigkeit".

Zum geplanten Messeauftritt der „Office & More" auf der Niedersachsenschau findet eine Teambesprechung statt. Meryem Akzoy erstellt über diese Besprechung eine Aktennotiz. Eine Aktennotiz hat nicht die Bedeutung eines Protokolls, hält aber die wesentlichen Inhalte eines Gesprächs oder einer Besprechung (Ergebnisse, Aufgabenstellungen, Zuständigkeiten und Termine) in schriftlicher Form fest. Wie beim Protokoll erhält auch bei der Aktennotiz jeder Gesprächsteilnehmer eine Ausfertigung.

Eine Aktennotiz hat nicht die Bedeutung eines Protokolls, hält aber die wesentlichen Inhalte als Gedächtnisstütze eines Gesprächs oder einer Besprechung schriftlich fest.

MERKE

Beispiel für eine Aktennotiz

OFFICE & MORE OHG
IT- und Bürobedarf und -einrichtung

AKTENNOTIZ

Betreff: Niedersachsenschau vom 3. bis 7. Oktober 20.. in Braunschweig; Besprechung des Messeteams

Ort und Zeit: Braunschweig, 3. April 20.., 10:15 – 11:30 Uhr

Teilnehmer: Lars Berger (Geschäftsleitung)
Jan Ebert (IT, Tk)
Meryem Akzoy (Bürobedarf)
Tanja Weber (Büromöbel)

Gesprächsergebnis:

Die Vorbereitungen für den Messestand der Firma auf der Niedersachsenschau beginnen am 30. April 20... Bis zur Messe erfolgt eine Aktualisierung der vorhandenen Firmenpräsentation in PowerPoint. Kunden und Besucher erhalten Informationen über Online-Bestellungen.

Alle Mitarbeiterinnen und Mitarbeiter sollen bis zum 15. April weitere Vorschläge für die Optimierung des Messestandes machen.

Verantwortlichkeiten und Termine:

Gespräch mit der Firma Messebau Richter & Schneider (in den nächsten 10 Tagen)
verantwortlich: Tanja Weber

Überarbeitung der PowerPoint-Präsentation (bis zum 15. September)
verantwortlich: Lars Berger

Überprüfung und Ergänzung der Firmen-Website und Erstellung eines Online-Bestellformulars (bis zum 3. Juli)
verantwortlich: Jan Ebert

Rundschreiben an alle Mitarbeiter(innen) (bis übermorgen)
verantwortlich: Meryem Akzoy

gez. Meryem Akzoy

2.1.2 Aktenvermerk

Klaus Koslowski telefoniert mit einem leitenden Angestellten des Fahrradherstellers und erstellt einen Aktenvermerk.

Beispiel für einen Aktenvermerk

FAHRRAD GROSSHANDEL KLAUSKOSLOWSKIGMBH

AKTENVERMERK

Gegenstand:	Erneute Lieferschwierigkeiten der Fahrradwerke Rheinland AG
Ort und Zeit:	Telefongespräch am 16. Mai 20.., 10:30 – 10:45 Uhr mit Herrn Dr. Wiegand

Inhalt:

Die Fahrradwerke Rheinland AG haben bereits zum zweiten Mal innerhalb kurzer Zeit Lieferschwierigkeiten und -engpässe bei Mountainbikes.

Bei der gestrigen Lieferung wurden drei Räder Modell RTX-90 in der falschen Farbe gesandt. In einem Fall ist dies sehr ärgerlich, da ein langjähriger Kunde der Funsport Marburg GmbH, die die Räder bei uns bestellt hatte, nun auf das Rad in der richtigen Farbe voraussichtlich weitere drei Tage warten muss.

Herr Dr. Wiegand bietet an, dass wir die beiden anderen in der falschen Farbe erhaltenen Räder Modell RTX-90 gegen einen Nachlass von 20 % behalten und sagt zu, die nächsten Bestellungen mit noch größerer Sorgfalt zu bearbeiten. Dieses Angebot habe ich angenommen und um schriftliche Bestätigung per E-Mail gebeten.

Ich habe Herrn Dr. Wiegand bestätigt, dass seine Firma über ein sehr gutes und preisgünstiges Sortiment verfügt, aber auch darum gebeten, die mehrfach aufgetretenen Lieferprobleme abzustellen.

Klaus Koslowski
Klaus Koslowski

Verteiler
Geschäftsleitung
Conny Abel (Buchhaltung)
Julia Neumann (Einkauf)

MERKE

Aktenvermerke eignen sich dann, wenn Sie neben einem kurz formulierten Gesprächsergebnis auch ausführlichere Hintergrundinformationen weitergeben wollen.

2.1.3 Rundschreiben und Hausmitteilung

Meryem Akzoy erstellt im Auftrag der Geschäftsleitung ein Rundschreiben an alle Mitarbeiter. Sie fragt nach Ideen für den Firmenauftritt auf der bevorstehenden Niedersachsenschau.

Beispiel für ein Rundschreiben

OFFICE & MORE OHG
IT- und Bürobedarf und -einrichtung

Geschäftsleitung

Rundschreiben Nr. 5/20.. 4. März 20..

Verteiler: An alle Mitarbeiterinnen und Mitarbeiter

Messestand unserer Firma auf der Niedersachsenschau

Liebe Mitarbeiterinnen und Mitarbeiter,

unsere Firma wird sich in diesem Jahr zum dritten Mal an der „Niedersachsenschau“ – Anfang Oktober – beteiligen.

Dafür werden wir die vorhandene PowerPoint-Präsentation unserer Firma aktualisieren und unsere Website mit einem Online-Bestellformular ergänzen.

Wer hat noch gute Ideen für weitere Aktionen und Angebote auf dem Messestand?

Geben Sie bitte innovative Vorschläge schriftlich **bis zum 15. März** bei mir ab!

Vielen Dank und viele Grüße!

Meryem Akzoy

i. A. Meryem Akzoy

HINWEIS Solche Informationen erhalten einzelne oder alle Mitarbeiter in gedruckter Form oder als „Newsletter“ per E-Mail, zusätzlich können sie an einem „Schwarzen Brett“ ausgehängt werden. Ein Verteilvermerk gibt Auskunft darüber, wer die jeweiligen Informationen erhält.

2.1.4 Protokoll

Protokolle dokumentieren beispielsweise Besprechungen, Sitzungen, Konferenzen, Vorträge und Gespräche. Sie dienen als Information und Beweismittel darüber, was beschlossen oder besprochen wurde. Es ist sehr wichtig, dass es wahrheitsgemäß erstellt wird. Der Protokollant darf Inhalte nicht verfälschen, bewerten, kritisieren oder die eigene Meinung einbringen.

Die wichtigsten Protokollarten:

Protokollarten	Eigenschaften
Wort- oder Vollprotokoll	• Es kommt bei Tagungen oder Versammlungen zum Einsatz, bei denen alle Redebeiträge vollständig, chronologisch und wortgetreu protokolliert werden sollen. • Die Redner werden namentlich aufgeführt. • Alle Beschlüsse, Termine und Aufträge werden festgehalten.
Verlaufsprotokoll	• Es eignet sich, wenn Besprechungen knapp und sachlich zusammengefasst werden sollen. • Die Redebeiträge werden in indirekter Rede, nicht wörtlich, aber inhaltlich korrekt dargestellt. • Die Redner werden namentlich aufgeführt. • Alle Beschlüsse, Termine und Aufträge werden festgehalten.
Kurzprotokoll	• Es eignet sich für alltägliche Besprechungen und Meetings. • Die Redner werden nicht namentlich aufgeführt. • Die wesentlichen Diskussionspunkte, Beschlüsse, Termine und Aufträge werden knapp zusammengefasst.
Ergebnis- oder Beschlussprotokoll	• Es eignet sich, um lediglich Ergebnisse und/oder Beschlüsse von Sitzungen oder Besprechungen festzuhalten. • Die Redner werden nicht namentlich erwähnt. • Es werden nur Ergebnisse, keine Wortbeiträge und Diskussionen protokolliert.

MERKE

Ein Protokoll ist ein übersichtlich gegliederter, je nach Protokollart längerer oder auch kürzerer Bericht über eine Sitzung oder Besprechung. Ein Protokoll informiert auch nicht anwesende Teilnehmer über den Verlauf, die Ergebnisse und Beschlüsse der Veranstaltung. Bei Unklarheiten und Meinungsverschiedenheiten dient es als Beweismittel.

Der Protokollrahmen

Der Protokollrahmen legt die Gestaltung des Protokolls fest, er umfasst den Protokollkopf und den Protokollfuß. Dazwischen werden die Inhalte der Sitzung usw. wiedergegeben. Dazu verwendet man am besten ein elektronisches Formular.

METAKOM
SEMINARE
GmbH

Protokoll

Anlass:	Klicken Sie hier, um Text einzugeben.
Datum, Zeit:	Klicken Sie hier, um Text einzugeben.
Ort, Raum:	Klicken Sie hier, um Text einzugeben.
Anwesend:	Klicken Sie hier, um Text einzugeben.
Abwesend: 1	Klicken Sie hier, um Text einzugeben.
Sitzungsleitung	Klicken Sie hier, um Text einzugeben.
Protokollant/-in:	Klicken Sie hier, um Text einzugeben.
Thema/Tagesordnung:	Klicken Sie hier, um Text einzugeben.

Protokollkopf

TOP 1 - Klicken Sie hier, um Text einzugeben.	Termine/Aktionen
	2
TOP 2 - Klicken Sie hier, um Text einzugeben.	

Limburg, Datum Für die Richtigkeit Protokollführung

Protokollfuß

1 *Man kann auch eine separate Anwesenheitsliste führen.*

2 *Die separate Spalte weist auf Termine, Aufgaben oder Aktionen hin, so kann nichts vergessen werden.*

Wichtige Protokollregeln

Aufgaben des Protokollführers sind unter anderem:

- Informationen über Tagesordnung, Geschäftsordnung, Teilnehmer und Tischvorlagen einholen
- die an-/abwesenden Teilnehmer erfassen
- während der Sitzung wesentliche Aussagen stichwortartig mitschreiben
- Anträge und Beschlüsse wörtlich mitschreiben, ggf. diktieren lassen sowie Abstimmungsergebnisse genau festhalten
- Protokoll zeitnah erstellen und verteilen, erforderliche Anlagen beifügen

Die Protokollsprache

Das Protokoll formulieren Sie im **Präsens**. Achten Sie darauf, klare und kurze Sätze zu verwenden. Sie können als Stilmittel Aufzählungen nutzen, das ist besser als lange Bandwurmsätze zu verwenden.

Wenn Sie **Redner zitieren**, verwenden Sie die **indirekte Rede im Konjunktiv**. Grund ist, dass Sie wiedergeben, was jemand gesagt hat. Sie distanzieren sich damit von den Aussagen, denn Sie wissen nicht, ob diese stimmen. Denken Sie daran Konjunktiv I zu verwenden.

Konjunktiv I (neutral):	Konjunktiv II (zweifelhaft):
Frau Schneider erwähnt, die Reklamation des Kunden sei berechtigt.	Frau Schneider erwähnt, die Reklamation des Kunden wäre berechtigt.

Weichen Sie auf den Konjunktiv II aus, falls eine Form des Konjunktivs mit dem Indikativ übereinstimmt (meist beim Plural); z. B.:

Die Schüler behaupten, sie **haben** keine Hausaufgaben gemacht.
Die Schüler behaupten, sie **hätten** keine Hausaufgaben gemacht.

Indirekte Rede leiten Sie durch Wendungen ein. Vermeiden Sie häufige Wiederholungen, z. B. „sagt“. Hier eine kleine Auswahl unterschiedlicher **Redeeinleitungen**: meint, behauptet, berichtet, erklärt, stellt fest, informiert, fragt, gibt an, kündigt an, äußert, fordert, verspricht, ...

Beispiele:

Direkte Rede	Indirekte Rede
Max Müller: „Dies entspricht nicht der Wahrheit.“	Max Müller sagt, dies entspreche nicht der Wahrheit.
Nina Beck: „Über diesen Sachverhalt müssen wir die Kunden informieren.“	Nina Beck regt an, dass man die Kunden über diesen Sachverhalt informieren müsse.
Helga Stein: „Die Reinigung der Abflüsse ist eine unangenehme Aufgabe, die sofort erledigt werden muss.“	Helga Stein meint, die Reinigung der Abflüsse sei eine unangenehme Aufgabe, die sofort erledigt werden müsse.

Metakom Seminare GmbH plant eine neue Ausstattung des Seminarraums „Domblick“. In einer Abteilungsleiterbesprechung sollen Details besprochen werden. Sabine Gabel führt das Protokoll. In der Sitzung wird kontrovers über die technische Ausstattung, die Möblierung und das Budget diskutiert. Die Tagesordnung wird nicht strikt eingehalten, was die Protokollführung nicht einfach macht.

Nach der Besprechung macht sich Sabine Gabel sofort an die Arbeit. Sie streicht unnötige Informationen und weist die Stichpunkte den Tagesordnungspunkten zu. Anschließend schreibt sie das Kurzprotokoll und legt es dem Sitzungsleiter zur Unterschrift vor:

METAKOM SEMINARE GmbH

Protokoll

Anlass:	Neuausstattung Seminarraum „Domblick“
Datum, Zeit:	05.05.20.., 14:00 bis 14:45 Uhr
Ort, Raum:	Limburg, Besprechungszimmer 1
Anwesend:	Max Fischer, Susanne Henning, Dr. Oliver Baum, Ralf Krüger, Renate Wiese
Abwesend:	Frauke Simons
Sitzungsleitung:	Max Fischer
Protokollant/-in:	Sabine Gabel
Thema/Tagesordnung:	1. Technische Ausstattung 2. Möblierung 3. Budget

Übersichtlich und klar strukturiert, alle wichtigen Informationen auf einem Blick!

TOP 1 – Technische Ausstattung	Termine/Aktionen
Der neue Seminarraum soll mit neuester Technik ausgestattet werden: – 2 Beamer – 2 Laptops – 1 Interaktives Whiteboard – 2 Videokameras – 3 Mikrofone – 5 Headsets – Lautsprecheranlage	Ralf Krüger holt bis 19.05.20.. drei verschiedene Angebote ein.
TOP 2 – Möblierung	
Angeschafft werden sollen: – 30 Konferenztische als Trapeztische – 90 Konferenzstühle, Bezug in Eisblau Die vorliegenden Muster von OFFICE & MORE OHG sind nach mehrheitlicher Meinung nicht modern genug. Die Polsterung der Stühle in der Wunschfarbe gibt es bei dem Anbieter nicht.	Susanne Henning wendet sich an weitere Anbieter und fordert bis 19.05.20.. Angebote an.
TOP 3 – Budget	
Als Obergrenze werden 50.000 EUR festgelegt. In der nächsten Besprechung werden alle Angebote geprüft und die Anbieter ausgewählt.	Nächster Besprechungstermin: 21.05.20.., 14:00 Uhr

Limburg, 06.05.20..	Für die Richtigkeit *Max Fischer*	Protokollführung *Sabine Gabel*

2.1.5 Blitzantwort

Der Empfänger schreibt seine Antwort handschriftlich auf die Originalmitteilung, kopiert diese für seine Unterlagen und sendet oder faxt sie an den Absender zurück. Auf eine E-Mail antwortet der Empfänger direkt.

Dieses rationelle Verfahren eignet sich nur für kurze Antworten oder für die Korrespondenz mit vertrauten Partnern.

2.2 Vordrucke

Julia Neumann füllt einen Überweisungsvordruck der Bank aus und bezahlt damit eine Rechnung von „Office & More".

Die Rechnung hierzu finden Sie im Abschnitt 3.6.

Beispiel eines Überweisungsvordrucks einer Bank

€uro-Überweisung

Commerzbank
Marburg

SPUEDE2U XXX

Nur für Überweisungen in Deutschland, in andere EU-/EWR-Staaten und in die Schweiz in Euro.
Bitte Meldepflicht gemäß Außenwirtschaftsverordnung beachten!

Angaben zum Begünstigten: Name, Vorname/Firma (max. 27 Stellen, bei maschineller Beschriftung max. 35 Stellen)
OFFICE & MORE BRAUNSCHWEIG

IBAN
DE12269910661234567890

BIC des Kreditinstituts (8 oder 11 Stellen)
GENODEF1WOB

Betrag: Euro, Cent
1037,14

Kunden-Referenznummer - Verwendungszweck, ggf. Name und Anschrift des Überweisenden - (nur für Begünstigten)
R.-NR. 20../65432 VOM

noch Verwendungszweck (insgesamt max. 2 Zeilen à 27 Stellen, bei maschineller Beschriftung max. 2 Zeilen à 35 Stellen)
30.07.20.. ABZÜGL. 3% SKONTO

Angaben zum Kontoinhaber: Name, Vorname/Firma, Ort (max. 27 Stellen, keine Straßen- oder Postfachangaben)
FAHRRAD-KOSLOWSKI MARBURG

IBAN
DE12533400242345678901 16

SEPA

Datum

Unterschrift(en)

MERKE

Vordrucke gibt es als Einzelvordrucke, die Sie selbst erstellen oder im Fachhandel beziehen können, und als Vordrucksätze, bei denen Sie in einem Arbeitsgang mehrere Exemplare anfertigen. In Textverarbeitungsprogrammen finden Sie eine Reihe vorgefertigter Formulare. Vordrucke, die Sie direkt am PC ausfüllen und per E-Mail versenden können, nennt man auch „Online-Formulare".

Wenn Sie firmeneigene Vordrucke (z. B. das Deckblatt einer Faxmitteilung) erstellen, sollten Sie folgende Gestaltungsgrundsätze berücksichtigen:

Gestaltungsgrundsätze
vollständig: Alle benötigten Angaben sind vorhanden.
ablaufgerecht: Alle benötigen Angaben stehen in der richtigen Reihenfolge.
schreibgerecht: Für alle Angaben ist genug Platz zum Ausfüllen vorhanden. Es gibt Auswahlfelder zum Ankreuzen und einheitliche Fluchtlinien bei mehrspaltigen Angaben.
Verwenden Sie für die Vorgaben in Tabellenzellen das OLE-Prinzip (obere linke Ecke)
maschinengerecht: Der Vordruck kann auch mit dem PC (online) ausgefüllt werden.
behandlungsgerecht: Wenn Sie DIN-Formate verwenden und auf kopierfähige Farben achten, können Sie Vordrucke leicht weiterverarbeiten.

HINWEIS

DIN 32754 beschreibt einen Vordruck. Um die inner- und außerbetriebliche Geschäftskorrespondenz zu rationalisieren, füllen Sie den Vordruck einfach aus, kreuzen die zutreffenden Angaben an und streichen die anderen durch.

Nutzen Sie zur Erstellung eigener (Online-)Vordrucke die Features der „Entwicklertools" der gängigen Textverarbeitungsprogramme. Damit können Sie unter anderem Ankreuzkästchen, Dropdown-Menüs und Textfelder mit verschiedenen Optionen erzeugen.

2.2.1 Auswahltext

Meryem Akzoy teilt einem Kunden auf der Rückseite einer Postkarte oder per E-Mail mit, dass ein bestellter Artikel eingetroffen ist oder verspätet eintreffen wird.

Beispiel für einen Auswahltext (einfache Form zum handschriftlichen Ausfüllen)

Ihre Bestellung vom 09.07.20..

Sehr geehrte Kundin, sehr geehrter Kunde!

Der Artikel 750 480 – Tonerkartusche für Copyprint DCL 7250

- ☐ ist bei uns eingetroffen und wird in den nächsten Tagen an Sie ausgeliefert.
- ☒ ist erst in 3 bis 4 Wochen lieferbar. Ihre Bestellung ist vorgemerkt.
- ☐ ist auf unbestimmte Zeit nicht lieferbar. Ihre Bestellung ist vorgemerkt.
- ☐ ist bei unserem Lieferanten nicht mehr im Sortiment.

Freundliche Grüße aus Braunschweig

OFFICE & MORE OHG

i. A. Meryem Akzoy

MERKE

Auswahltexte eignen sich z. B. als Antwort auf Bestellungen, die Sie nicht oder nicht sofort ausführen können. Sie enthalten verschiedene Optionen. Die Ergänzungen können handschriftlich ausgefüllt oder mit Hilfe von Steuerelementen für Textformularfelder, Ankreuzkästchen und Dropdown-Menüs als Online-Formular bearbeitet werden.

Beispiel für einen Auswahltext (einfache Form zum Ausfüllen mit PC)

Ihre Bestellung vom

Sehr geehrte Kundin, sehr geehrter Kunde!

Der Artikel

- ist bei uns eingetroffen und wird in den nächsten Tagen an Sie ausgeliefert.
- ist erst in Wochen lieferbar. Ihre Bestellung ist vorgemerkt.
- ist auf unbestimmte Zeit nicht lieferbar. Ihre Bestellung ist vorgemerkt.
- ist bei unserem Lieferanten nicht mehr im Sortiment.

Freundliche Grüße aus Braunschweig

OFFICE & MORE OHG

i. A. Meryem Akzoy

Beispiel für einen Auswahltext (Form mit Datumsauswahl-Inhaltssteuerelement („Outlook"-Kalender) und Kombinationsfeld („Dropdown-Menü")

Ihre Bestellung vom Klicken Sie hier, um ein Datum einzugeben. ▼

◀ März 2020 ▶

Mo	Di	Mi	Do	Fr	Sa	So
24	25	26	27	28	29	1
2	3	4	5	6	7	8
9	10	11	12	13	14	15
16	17	18	19	20	21	22
23	24	25	26	27	28	29
30	31	1	2	3	4	5

Heute

Sehr geehrte Kundin, sehr geehrter Künc

Der Artikel 780 395 - Tonerkartusche für

- ist bei uns eingetroffen und wird in de … eliefert.
- ☒ ist erst in 3 bis 4 Wochen lieferbar. Ih
- ist auf unbestimmte Zeit nicht lieferba … kt.
- ist bei unserem Lieferanten nicht mel

Freundliche Grüße aus Braunschweig

OFFICE & MORE OHG

i. A. Meryem Akzoy ⬇

Meryem Akzoy
Kevin Müller
Irina Schneider

2.2.2 Kurzmitteilung

Meryem Akzoy übersendet der Stadtverwaltung Klingenstadt, einer Kundin von „Office & More“, den angeforderten Katalog und eine aktuelle Preisliste zusammen mit einer Kurzmitteilung.

Beispiel für eine Kurzmitteilung

OFFICE & MORE OHG
IT- und Bürobedarf und -einrichtung

OFFICE & MORE OHG · Industriestr. 75 · 38104 Braunschweig
Stadt Klingenstadt
Frau Melanie Bauer
Marktplatz 1
34567 Klingenstadt

Ihr Zeichen, Ihre Nachricht vom	Unser Zeichen	Telefon/Name	Datum
I A 150 – 243/.. 31.07.20..	off-ma	0531 3040-89 Frau Akzoy	02.08.20..

Kurzmitteilung

Beigefügte Unterlagen erhalten Sie

- ☐ mit Dank zurück
- ☒ zum Verbleib
- ☐ mit der Bitte um

☐ Anruf	☐ Entscheidung	☐ Erledigung
☐ Kenntnisnahme	☐ Prüfung	☐ Rückgabe
☐ Rücksprache	☐ Stellungnahme	☐ Zustimmung

Sie erhalten den angeforderten Katalog und die aktuelle Preisliste.

Freundliche Grüße

Meryem Akzoy

i. A. Meryem Akzoy

HINWEIS

Kurzmitteilungen im Format 1/3-A4 oder 2/3-A4 können Sie verwenden, wenn Sie Unterlagen verschicken oder einen Empfang bestätigen. Absenderangabe, Anschriftfeld, Betreff und Bezugszeichen sowie mehrere Ankreuzfelder mit Stichwörtern sind bereits vorhanden, zusätzlich können Sie eine kurze Information schreiben.

2.2.3 Faxmitteilung

Julia Neumann bestellt bei „Office & More“ per Fax ein neues Kopiergerät und verwendet dafür das vorhandene Online-Formular.

Beispiel für eine Faxmitteilung als Online-Formular

FAXMITTEILUNG

Datum: { }
Anzahl der Seiten: { }
(inkl. Deckblatt)

Von: FAHRRAD GROSSHANDEL KLAUS KOSLOWSKI GMBH
Leopold-Lucas-Str. 110 – 112
35037 Marburg

Telefon: 06421 776644
Telefax: 06421 776643
E-Mail: info@fahrrad-koslowski-wvd.de
Internet: www.fahrrad-koslowski-wvd.de

An: { }
{ }
{ }
{ }
{ }
{ }
{ }
{ }
{ }

Telefon: { }
Telefax: { }

Betreff: { }

Sehr geehrte{ },

{ }

Freundliche Grüße

FAHRRADGROSSHANDEL
KLAUS KOSLOWSKI GmbH

i. A. { }

HINWEIS **An den mit { } gekennzeichneten Stellen können Sie mithilfe eines Textverarbeitungsprogramms individuelle Angaben in das Formular einfügen. In Online-Formularen können Sie bei Bedarf auch Kontrollkästchen und Dropdownlisten-Menüs verwenden.**

Beispiel für eine Faxmitteilung

FAXMITTEILUNG

Datum:	24. Juli 20..
Anzahl der Seiten: (inkl. Deckblatt):	1
Von:	FAHRRAD GROSSHANDEL KLAUS KOSLOWSKI GMBH Leopold-Lucas-Str. 110 – 112 35037 Marburg
Telefon:	06421 776644
Telefax:	06421 776643
E-Mail:	info@fahrrad-koslowski-wvd.de
Internet:	www.fahrrad-koslowski-wvd.de

An:

Office & More OHG
Frau Meryem Akzoy
Industriestr. 75
38104 Braunschweig

Telefon: 0531 3040-0
Telefax: 0531 3040-40

Betreff: **Bestellung**

Sehr geehrte Frau Akzoy,

vielen Dank für Ihr Angebot und die uns übersandten Unterlagen. Wir bestellen

1 Kopiergerät Modell Copyprint DCL 7250,
Artikel-Nr. 780 391, zum Sonderpreis von 860,00 EUR
zzgl. 29,50 EUR Transportpauschale.

Die Preise gelten jeweils zzgl. gesetzlicher Umsatzsteuer.

Bitte liefern Sie die Ware innerhalb acht Tagen. Schicken Sie uns eine kurze Bestätigung.

Freundliche Grüße

FAHRRADGROSSHANDEL
KLAUS KOSLOWSKI GmbH

Julia Neumann

i. A. Julia Neumann

Bei mehrseitigen Telefaxen können Sie eine Faxmitteilung, die Sie am PC oder handschriftlich ausfüllen, als Deckblatt verwenden. Absender- und Kommunikationsangaben sind bereits in einem Online-Formular enthalten. Die Anschrift und die Kommunikationsdaten des Empfängers sowie die Seitenzahl, den Betreff und ggf. einen Kurztext geben Sie noch ein.

Denk dran!

- ✓ Nutzen Sie Vordrucke – sie haben bereits eine Struktur.
- ✓ Prüfen Sie, welche fertigen Vordrucke Ihr Textverarbeitungsprogramm enthält.
- ✓ Die Übermittlung ist meist kostengünstiger als ein Geschäftsbrief.

Aufgaben

2-1 Schriftstücke und Vordrucke

Nennen Sie Schriftstücke und Vordrucke, mit denen Sie die inner- und außerbetriebliche Korrespondenz vereinfachen können. Führen Sie dazu jeweils ein Beispiel auf.

2-2 Online-Vordruck „Gesprächsvorbereitung“

Erstellen Sie einen Online-Vordruck „Gesprächsvorbereitung“ für Face-to-face-Gespräche und Telefongespräche. Berücksichtigen Sie die Gestaltungsgrundsätze (siehe Abschnitt 2.2).

2-3 Online-Vordrucke „Reklamation“

Sie arbeiten bei der Stadtverwaltung Klingenstadt. Ein Mitarbeiter, der die Kartons Ihres Lieferanten für Bürobedarf auspackt, stellt dabei fest, dass zwei Packungen des Office-Kopierpapiers „economy“ A4, Artikel-Nr. 750 310, an den Ecken beschädigt sind. Nennen Sie drei Lösungsansätze, mit welchen (Online-) Vordrucken Sie die Lieferung beanstanden können, und setzen Sie einen Lösungsansatz schriftlich um.

2-4 Aktennotiz

Sie nehmen als Mitarbeiter(in) des „Fahrradgroßhandels Klaus Koslowski“ einen Anruf der Rechtsanwalts- und Wirtschaftsprüfungskanzlei Steinhauer, Krone & Partner in Gießen (Telefon: 0641 99887-0) entgegen. Da Ihr Chef, Herr Koslowski, nicht im Hause ist, erstellen Sie eine Aktennotiz. Herr Rechtsanwalt Steinhauer bittet Ihren Chef um einen dringenden Rückruf in der Forderungssache gegen Ihren Kunden „Funsport Marburg“.

2-5 Rundschreiben

Als Auszubildende(r) des „Fahrradgroßhandels Klaus Koslowski“ sind Sie in die Vorbereitung des Weihnachtsgeschäfts eingebunden. Fordern Sie alle Mitarbeiter in einem Rundschreiben auf, geeignete Werbeartikel und Werbemaßnahmen vorzuschlagen, um sie rechtzeitig beschaffen und vorbereiten zu können.

2-6 Protokoll

Sie führen das Protokoll bei einer kurzen Abteilungsleiterbesprechung. Den Gesprächsverlauf und weitere Einzelheiten dazu finden Sie im Materialpool.

Erstellen Sie dazu

a) ein Verlaufsprotokoll
b) ein Kurzprotokoll

Weitere Aufgaben finden Sie in unseren BPW-Materialien unter www.westermanngruppe.de. Geben Sie dort die Bestellnummer dieses Buches ein.

Universal-Mietvertrag
Hoch+Tief-Bau
Herrn
Felix Huber
Ludwigstr. 5
80539 München
Arbeitsvertrag
Zwischen der Hoch-Tief Bau-Gesellschaft mbH & Co.KG
UNSERE HEIMAT
Bau-Gesellschaft mbH & Co.KG
Kaufvertrag
Zwischen der UNSERE HEIMAT Bau-Gesellschaft mbH & Co.KG
- Verkäufer-
und
Mietvertrag
AUTOHAUS
Bofinger & Sohn GmbH
Reisebestätigung
Leasing-Vertrag
Zwischen dem Autohaus BOFINGER & SOHN
-Vermieter-
Wohnung Nr. 36.030.04
Vertrag
2.176,22 €
225,00 €
bezeichnete Wohnung besteht aus:
Zimmern,
Küche,
Peithmann
TV - Hifi - Video - Sat
Rahmenvertrag
1. Grundsätzliches
2. Persönliche Angaben

3 Kaufgeschäfte

Eingangssituationen

Julia Neumann von der **„Fahrradgroßhandel Klaus Koslowski GmbH“** und Meryem Akzoy von der **„Office & More OHG“** korrespondieren wegen der Anschaffung eines neuen Kopiergerätes miteinander. Sie tauschen für ihre Firmen typische Geschäftsbriefe aus, die einen Handelsvorgang darstellen.

Nicht immer läuft ein Warenkauf oder -verkauf unkompliziert ab. Auch in solchen Situationen müssen Julia und Meryem mit ihren Kunden und Lieferanten professionell kommunizieren.

Schließlich wenden sich Kunden auch wegen einer Reklamation an „Office & More“. Darauf antwortet Meryem kundenorientiert.

Lernziele

Das Bestellen und Liefern von Waren und Dienstleistungen setzt die wechselseitige Kommunikation zwischen Käufer und Verkäufer voraus. Diesen Informationsaustausch können Sie mit kundenorientierten Geschäftsbriefen oder auf elektronischem Weg vornehmen.

Lernziele

- → Sie wissen, wie ein Geschäftsbrief aufgebaut ist.
- → Sie kennen die Abläufe eines „Handelsvorgangs" und die zugehörige Korrespondenz.
- → Sie fertigen typische Schreiben, die einen Warenkauf oder -verkauf dokumentieren, als Geschäftsbrief oder als E-Mail.
- → Sie beachten die Bestimmungen der DIN 5008 und wenden diese situationsgerecht an.
- → Sie kennen die rechtlichen Folgen des Annahme-, Lieferungs- und Zahlungsverzugs und reagieren angemessen auf solche Kaufvertragsstörungen.
- → Sie erstellen Reklamationsschreiben und bearbeiten Reklamationen professionell.

Ein Handelsvorgang umfasst verschiedene Stationen:

- **Anfrage bei einem oder mehreren Anbieter(n),**
- **ggf. Einholung einer Auskunft über Kunden oder Lieferanten,**
- **Prüfung der eingegangenen Angebote,**
- **Bestellung bei der Firma, die das günstigste Angebot abgegeben hat,**
- **Auftragsbestätigung sowie**
- **Lieferschein und Rechnung des Lieferanten.**

Diese Schreiben werden als Geschäftsbriefe, zum Teil aber auch als E-Mail zwischen (potenziellen) Kunden und Lieferanten ausgetauscht. Nach fristgerechter Zahlung des Rechnungsbetrages ist der Handelsvorgang abgeschlossen.

Ein Handelsvorgang läuft aber nicht immer ungestört ab:

- **Die Ware wird nicht rechtzeitig geliefert.**
- **Die Ware wird nicht angenommen.**
- **Die Rechnung wird nicht rechtzeitig bezahlt.**
- **Die Ware wird reklamiert.**

Eine Firma muss angemessen und kundenorientiert auf solche Situationen reagieren, um Geschäftsbeziehungen mit Kunden oder Lieferanten trotz solcher Kaufvertragsstörungen fortzusetzen.

MERKE

Geschäftsbriefe sind Schriftstücke, die Firmen untereinander oder mit Kunden, Lieferanten und Behörden via Briefpost oder elektronisch per E-Mail austauschen.

Beispiel für den Aufbau eines Geschäftsbriefes

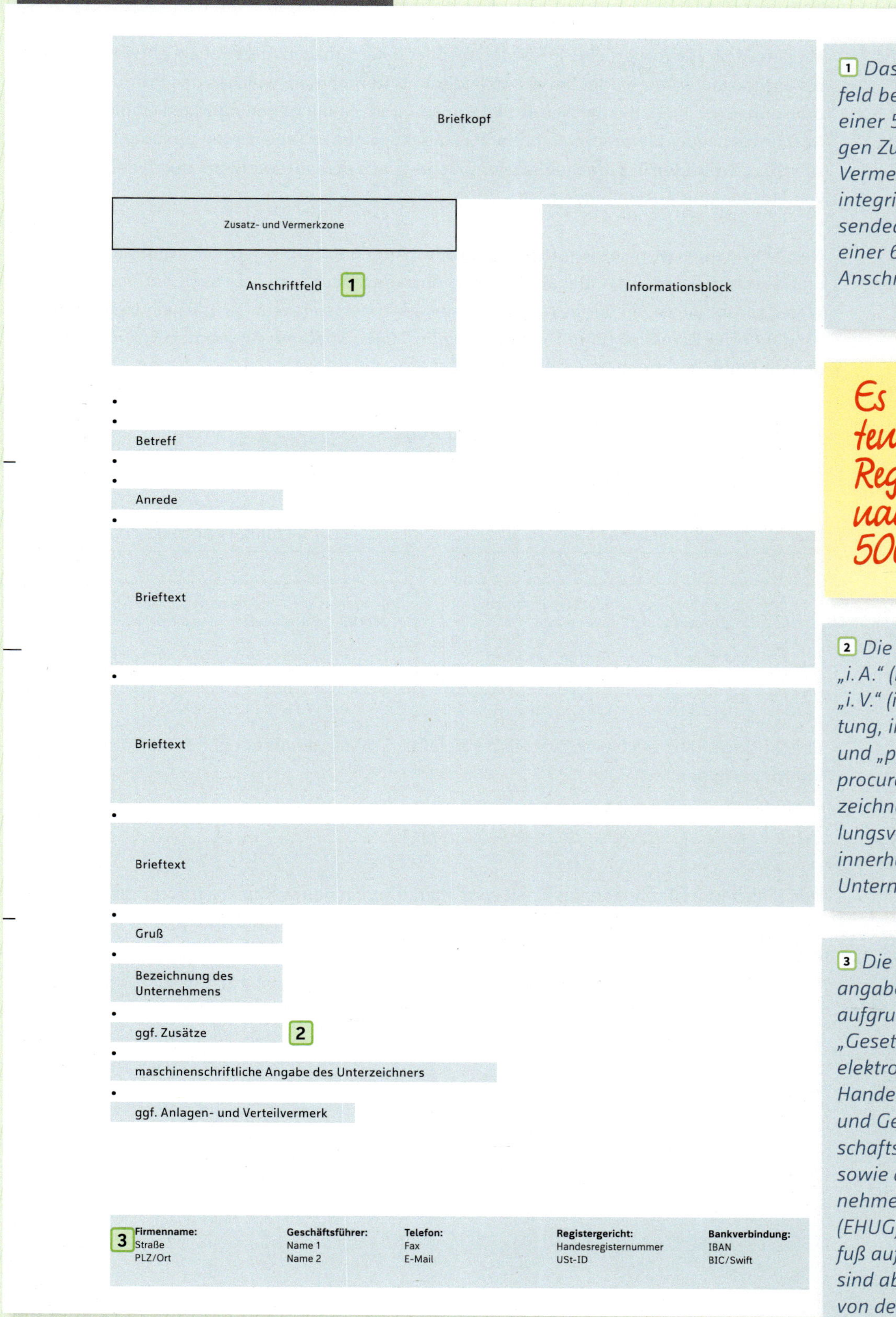

1 Das Anschriftfeld besteht aus einer 5-zeiligen Zusatz- und Vermerkzone mit integrierter Rücksendeangabe und einer 6-zeiligen Anschriftzone.

Es gelten die Regeln nach DIN 5008.

2 Die Zusätze „i. A." (im Auftrag), „i. V." (in Vertretung, in Vollmacht) und „ppa." (per procura) kennzeichnen Handlungsvollmachten innerhalb eines Unternehmens.

3 Die Geschäftsangaben werden aufgrund des „Gesetzes über elektronische Handelsregister und Genossenschaftsregister sowie das Unternehmensregister (EHUG)" im Brieffuß aufgeführt. Sie sind abhängig von der jeweiligen Rechtsform des Unternehmens.

3.1 Anfrage

Mit einer Anfrage fordert eine Privatperson oder eine Firma ein Angebot an, entweder beim bisherigen Lieferanten oder bei einem anderen Unternehmen, welches das Produkte noch preisgünstiger oder mit besseren Lieferungs- und Zahlungsbedingungen anbietet. Die Anschriften neuer Lieferanten erhalten Sie aus Anzeigen in Tageszeitungen oder Fachzeitschriften, Einträgen in Branchen(telefon)büchern, aus dem Internet oder durch den Besuch von Messen und Ausstellungen.

Der Anfragende ist nicht verpflichtet, auf das Angebot zu bestellen. Es gibt allgemeine und bestimmte Anfragen. Bei allgemeinen Anfragen fragt man z. B. nach Katalogen oder Warensortimenten. Bei der bestimmten Anfrage interessiert man sich für ein bestimmtes Produkt oder Dienstleistung. Diese müssen für einen späteren Angebotsvergleich genau genannt oder beschrieben werden.

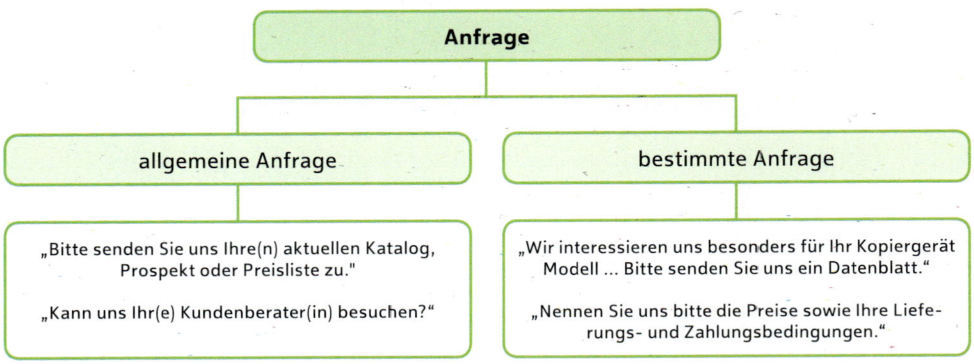

Eine Anfrage kann auch elektronisch per Telefax, E-Mail oder über ein Kontaktformular im Internet erfolgen.

3.1.1 Anfrage als Geschäftsbrief

Der „Fahrradgroßhandel Klaus Koslowski“ benötigt ein neues Kopiergerät für die Verwaltungsarbeit. Julia Neumann findet im Internet die Firma „Office & More“ und fragt dort wegen eines Angebotes an.

3.1.2 Anfrage als E-Mail

Eine Anfrage kann auch per E-Mail erfolgen. Bei Erstkontakten sollten Sie jedoch abwägen, ob dies sinnvoll ist.

Beispiel für eine bestimmte Anfrage als E-Mail

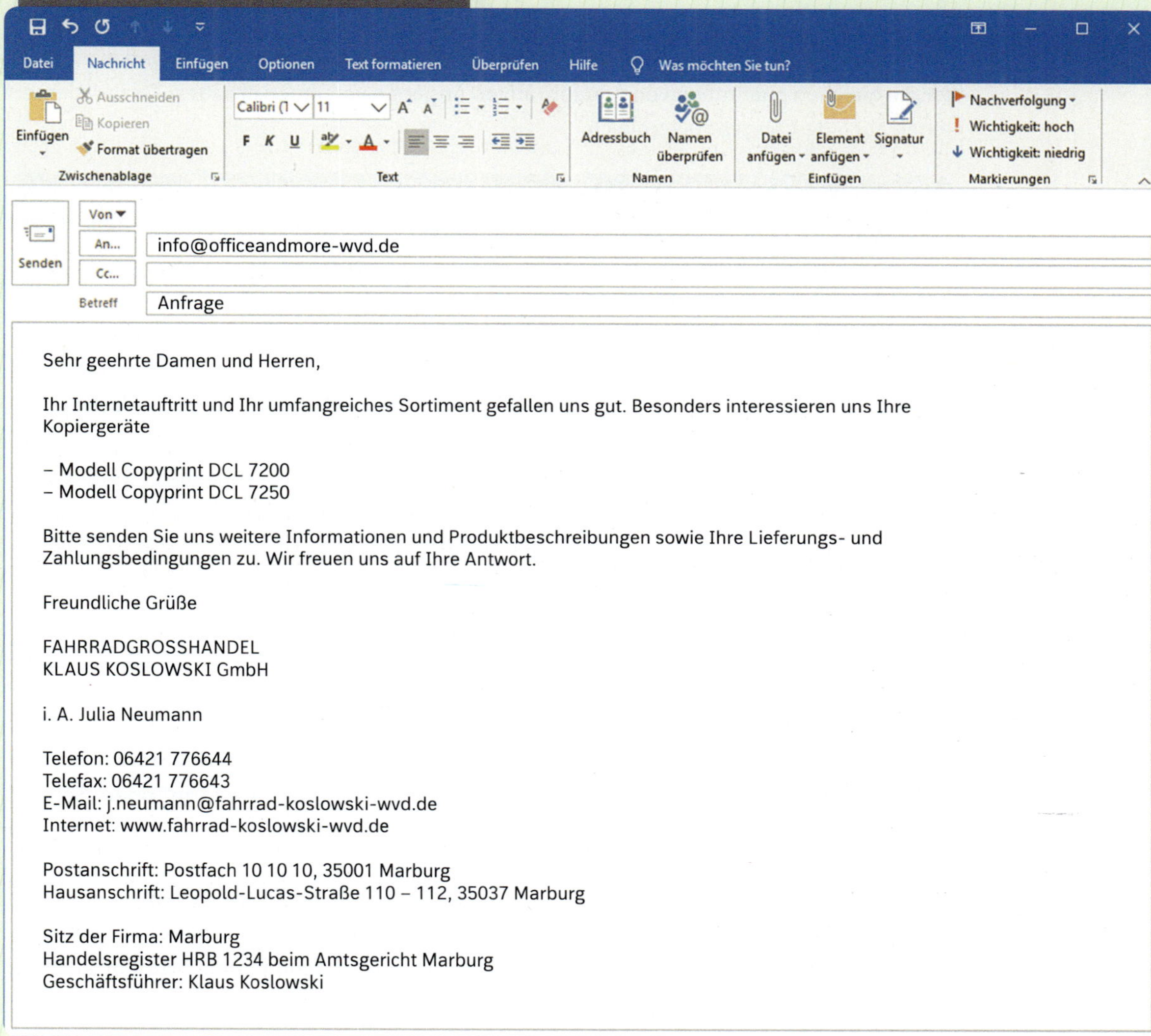

An... info@officeandmore-wvd.de
Cc...
Betreff: Anfrage

Sehr geehrte Damen und Herren,

Ihr Internetauftritt und Ihr umfangreiches Sortiment gefallen uns gut. Besonders interessieren uns Ihre Kopiergeräte

- Modell Copyprint DCL 7200
- Modell Copyprint DCL 7250

Bitte senden Sie uns weitere Informationen und Produktbeschreibungen sowie Ihre Lieferungs- und Zahlungsbedingungen zu. Wir freuen uns auf Ihre Antwort.

Freundliche Grüße

FAHRRADGROSSHANDEL
KLAUS KOSLOWSKI GmbH

i. A. Julia Neumann

Telefon: 06421 776644
Telefax: 06421 776643
E-Mail: j.neumann@fahrrad-koslowski-wvd.de
Internet: www.fahrrad-koslowski-wvd.de

Postanschrift: Postfach 10 10 10, 35001 Marburg
Hausanschrift: Leopold-Lucas-Straße 110 – 112, 35037 Marburg

Sitz der Firma: Marburg
Handelsregister HRB 1234 beim Amtsgericht Marburg
Geschäftsführer: Klaus Koslowski

Gliedern Sie E-Mails wie normale Geschäftsbriefe. Die Geschäftsangaben müssen auch in einer E-Mail aufgrund gesetzlicher Vorschriften aufgeführt werden. Diese Angaben können Sie zusammen mit dem Gruß, der Bezeichnung des Unternehmens und der maschinenschriftlichen Angabe des Unterzeichners als Textbaustein (sogenannte „Signatur") in die E-Mail einfügen.

3.1.3 Anfrage als Serienbrief

Angebote holen Sie oft bei mehreren Anbietern ein. Hierfür können Sie den Serienbrief verwenden. Ein Serienbrief besteht aus einem Hauptdokument (dem eigentlichen Brieftext) sowie einer Datenquelle mit Datensätzen (bestehend aus einer Adressliste sowie weiteren individuellen Angaben), die Sie an den entsprechenden Stellen in den Brieftext einfügen. Durch die individuellen Angaben (z. B. die persönliche Anrede) wirkt ein Serienbrief wie ein Geschäftsbrief, der nur an einen Empfänger gerichtet ist.

Das hat für Sie den Vorteil, dass Sie rationell die Anfragen erstellen können und alle Anbieter die gleichen qualitativen und quantitativen Angaben von Ihnen erhalten. Das erleichtert Ihnen auch den Angebotsvergleich.

Prima!	Nicht so gut!
+ Besonders interessieren wir uns für ...	– Wir haben großes Interesse an ...
+ Auf Ihre Antwort freuen wir uns.	– Über eine Antwort würden wir uns freuen.
+ Bitte senden Sie uns ...	– Dürfen wir Sie um Zusendung ... bitten?
	– Über die Zusendung ... würden wir uns besonders freuen.
+ Freundliche Grüße (aus ...)	– Mit bester Empfehlung

3.2 Auskunft

Um die Bonität bei neuen Kunden besser beurteilen zu können, holen Firmen bei Geschäftsfreunden oder bei kommerziellen Dienstleistern wie „Creditreform“ oder „Schufa“ Auskünfte ein.

Eine weitere Möglichkeit, um sich vor finanziellen Verlusten bei Erstbestellungen zu schützen, kann die Nennung von Referenzen oder die Vereinbarung besonderer Zahlungsbedingungen sein (z. B. Zahlung nur gegen Vorkasse oder Nachnahme). Dies gilt auch für Bestandskunden mit Zahlungsschwierigkeiten.

Eine Muster-Wirtschaftsauskunft finden Sie im Internet unter
www.creditreform.de/fileadmin/user_upload/central_files/docs/produkte/muster/Muster-Creditreform-Wirtschaftsauskunft.pdf

3.3 Angebot

Mit einem Angebot antwortet eine Firma auf eine Anfrage einer Privatperson oder eines anderen Unternehmens. Ziel ist, dass der Empfänger des Angebots die Waren oder Dienstleistungen bestellt, um den Neukunden zu gewinnen oder eine bestehende Geschäftsbeziehung zu intensivieren.

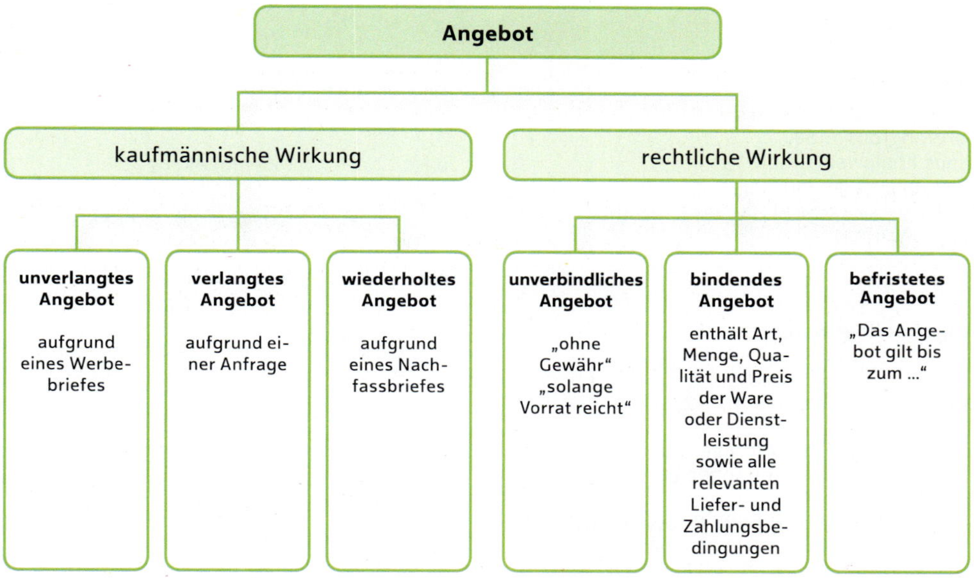

3.3.1 Angebot als Geschäftsbrief

Meryem Akzoy von „Office & More“ erstellt für den „Fahrradgroßhandel Klaus Koslowski“ ein Angebot über zwei Kopiergeräte, die Julia Neumann angefragt hatte.

Beispiel für ein Angebot als Geschäftsbrief

OFFICE & MORE OHG
IT- und Bürobedarf und -einrichtung

Ihr Zeichen:	kk-neu
Ihre Nachricht vom:	11.07.20.. **1**
Unser Zeichen:	off-ma
Unsere Nachricht vom:	
Name:	Meryem Akzoy
Telefon:	0531 3040-89
Telefax:	0531 3040-40
E-Mail:	m.akzoy@officeandmore-wvd.de
Internet:	www.officeandmore-wvd.de
Datum:	13. Juli 20..

OFFICE & MORE OHG · Postfach 12 34 56 · 38001 Braunschweig

Fahrradgroßhandel
Klaus Koslowski GmbH **2**
Frau Julia Neumann
Leopold-Lucas-Str. 110 – 112
35037 Marburg

Angebot über Kopiergeräte

Guten Tag Frau Neumann, **2**

vielen Dank für Ihre Anfrage. Über Ihr Interesse an unseren Produkten freuen wir uns. Gerne bieten wir bieten Ihnen an:

Kopiergerät **Copyprint DCL 7200**
Artikel-Nr. 780 390
Preis: 829,00 EUR zzgl. USt.

Kopiergerät **Copyprint DCL 7250**
Artikel-Nr. 780 391
Preis: 879,00 EUR zzgl. USt.

Weitere Details und Ausstattungsmerkmale entnehmen Sie bitte den beigefügten Informationen. Die Geräte haben wir in größerer Stückzahl in unserem Lager, sodass wir innerhalb weniger Tage liefern.

Nehmen Sie einzelne Geräte ab, berechnen wir eine Transportpauschale von 29,50 EUR zzgl. USt.

Wenn Sie den Rechnungsbetrag innerhalb von acht Tagen ausgleichen, können Sie 3 % Skonto abziehen. Sie können auch innerhalb von 30 Tagen ohne Abzug zahlen.

Auf Ihren Auftrag freuen wir uns.

Freundliche Grüße aus Braunschweig

OFFICE & MORE OHG

Meryem Akzoy

i. A. Meryem Akzoy

Anlagen
Datenblatt DCL 7200
Datenblatt DCL 7250 **3**

Geschäftsräume: Industriestraße 75, 38104 Braunschweig
Sitz der Firma: Braunschweig
Registergericht: AG Braunschweig HRA 7890
Geschäftsführer: Lars Berger
USt-IDNr.: DE 876543210
Steuer-Nr.: 1 234 567 890
Bankverbindungen: Volksbank Braunschweig, IBAN DE12 2699 1066 1234 5678 90, BIC GENODEF1WOB; Sparda-Bank Braunschweig, IBAN DE06 2509 0500 98 76 5432 210, BIC GENODEF1S09

1 Der Informationsblock dient dem Austausch der Daten des vorausgegangenen Briefwechsels.

2 Wenn ein Ansprechpartner bekannt ist, verwenden Sie die persönliche Anrede.

3 Den Anlagenvermerk können Sie aus Platzgründen auch in Höhe der Grußformel – 100 mm vom linken Rand – anordnen.

3.3.2 Angebot als E-Mail

Anlagen, die Sie einem Geschäftsbrief beifügen, senden Sie bei E-Mails als Dateianhänge (am besten im PDF-Format).

Beispiel für ein Angebot als E-Mail

Von: m.akzoy@officeandmore-wvd.de
An...: j.neumann@fahrrad-koslowski-wvd.de
Cc...:
Betreff: Angebot über Kopiergeräte
Angefügt: Datenblatt DCL 7200.pdf (13 KB); Datenblatt DCL 7250.pdf (16 KB)

Guten Tag Frau Neumann,

vielen Dank für Ihre Anfrage. Über Ihr Interesse an unseren Produkten freuen wir uns. Gern bieten wir Ihnen an:

Kopiergerät Copyprint DCL 7200, Artikel-Nr. 780 390, Preis: 829,00 EUR zzgl. USt.
Kopiergerät Copyprint DCL 7250, Artikel-Nr. 780 391, Preis: 879,00 EUR zzgl. USt.

Weitere Details und Ausstattungsmerkmale finden Sie in den beigefügten Informationen. Die Geräte haben wir in größerer Stückzahl in unserem Lager, sodass wir innerhalb weniger Tage liefern. Nehmen Sie einzelne Geräte ab, berechnen wir eine Transportpauschale von 29,50 EUR zzgl. MwSt.

Wenn Sie den Rechnungsbetrag innerhalb von acht Tagen ausgleichen, können Sie 3 % Skonto abziehen.
Sie können auch innerhalb von 30 Tagen ohne Abzug zahlen.

Auf Ihren Auftrag freuen wir uns.

Freundliche Grüße aus Braunschweig

OFFICE & MORE OHG

i. A. Meryem Akzoy

Telefon: 0531 3040-89
Telefax: 0561 3040-40
E-Mail: m.akzoy@officeandmore-wvd.de
Internet: www.officeandmore-wvd.de

Postanschrift: Postfach 12 34 56, 38001 Braunschweig
Hausanschrift: Industriestraße 75, 38104 Braunschweig

Sitz der Firma: Braunschweig
Handelsregister HRA 7890 beim Amtsgericht Braunschweig
Geschäftsführer: Lars Berger

3.3.3 Allgemeine Geschäftsbedingungen

In einem Angebot weisen Sie auf die Allgemeinen Geschäftsbedingungen (AGB) sowie die Lieferungs- und Zahlungsbedingungen hin, die meist Bestandteil der AGB sind.

Der Wortlaut von Allgemeinen Geschäftsbedingungen kann für einzelne Branchen unterschiedlich sein. Die AGB enthalten meistens Informationen zu folgenden Punkten[1]:

- **Geltungsbereich**
- **Angebot und Vertragsabschluss**
- **Überlassene Unterlagen**
- **Preise und Zahlung**
- **Zurückbehaltungsrechte**
- **Lieferzeit**
- **Gefahrenübergang bei Versendung**
- **Eigentumsvorbehalt**
- **Gewährleistung und Mängelrüge sowie Rückgriff - Herstellungsregress**
- **Sonstige Bestimmungen**

(Musterbeispiel: Käufer und Verkäufer sind Unternehmer)

3.3.4 Nachfassbrief

Mit einem Nachfassbrief können Sie

- **auf ein mögliches Desinteresse oder Versehen des Kunden reagieren,**
- **das Angebot erneuern,**
- **Vorzüge des Produktes herausstellen,**
- **das Angebot erweitern, z. B. durch einen Nachlass auf den regulären Preis oder kostenlose Lieferung bei Bestellung der angefragten Artikel.**

Da sich der „Fahrradgroßhandel Klaus Koslowski“ nach 10 Tagen noch nicht gemeldet hat, schreibt Meryem Akzoy einen Nachfassbrief. Ihr Ziel ist es, den Auftrag der Firma Koslowski zu erhalten.

[1] Quelle: https://www.frankfurt-main.ihk.de/recht/mustervertrag/verkaufsbedingungen/index.html

Beispiel für einen Nachfassbrief

OFFICE & MORE OHG
IT- und Bürobedarf und -einrichtung

Ihr Zeichen:	kk-neu
Ihre Nachricht vom:	11.07.20..
Unser Zeichen:	off-ma
Unsere Nachricht vom:	13.07.20..
Name:	Meryem Akzoy
Telefon:	0531 3040-89
Telefax:	0531 3040-40
E-Mail:	m.akzoy@officeandmore-wvd.de
Internet:	www.officeandmore-wvd.de
Datum:	23. Juli 20..

OFFICE & MORE OHG · Postfach 12 34 56 · 38001 Braunschweig
Fahrradgroßhandel
Klaus Koslowski GmbH
Frau Julia Neumann
Leopold-Lucas-Str. 110 – 112
35037 Marburg

Angebot über Kopiergeräte

Guten Tag Frau Neumann,

haben Sie sich bereits für einen unserer Drucker entschieden? Wenn nicht, vergleichen Sie noch einmal:

Kopiergerät **Copyprint DCL 7200**
Artikel-Nr. 780 390
Preis: 829,00 EUR zzgl. USt.
Mit diesem Multifunktionsgerät können Sie drucken, kopieren und scannen. Die maximale Druckgeschwindigkeit dieses Netzwerkdruckers liegt bei 20 Seiten pro Minute.

Kopiergerät **Copyprint DCL 7250**
Artikel-Nr. 780 391
Preis: 879,00 EUR zzgl. USt.
Dieses Gerät verfügt zusätzlich über eine Fax-Funktion, die Druckgeschwindigkeit beträgt bis zu 30 Seiten pro Minute.

Wenn Sie besonderen Wert auf schnelle Drucke legen, empfehlen wir Ihnen das Modell **Copyprint DCL 7250**, es kostet nur 50,00 EUR mehr als das Modell **DCL 7200**.

Franz Maier berät Sie gerne. Sie erreichen ihn unter der Telefonnummer 0531 3040-77. Als Neukunde erhalten Sie einen Nachlass von 10,00 EUR. Auf Ihren Auftrag freuen wir uns schon heute.

Freundliche Grüße aus Braunschweig

OFFICE & MORE OHG

Meryem Akzoy

i. A. Meryem Akzoy

Geschäftsräume:
Industriestraße 75
38104 Braunschweig

Sitz der Firma:
Braunschweig
Registergericht:
AG Braunschweig HRA 7890

Geschäftsführer:
Lars Berger

USt-IDNr.:
DE 876543210
Steuer-Nr.:
1 234 567 890

Bankverbindungen:
Volksbank Braunschweig
IBAN DE12 2699 1066 1234 5678 90
BIC GENODEF1WOB

Sparda-Bank Braunschweig
IBAN DE06 2509 0500 9876 5432 10
BIC GENODEF1S09

Prima!	Nicht so gut!
+ Über Ihr Interesse an unseren Produkten freuen wir uns.	– Wir haben uns über Ihr Interesse an ... sehr gefreut.
+ Wir bieten Ihnen an: ...	– Wir unterbreiten Ihnen folgendes Angebot: ...
+ ... zum Preis von ... EUR.	– Der Preis beläuft sich auf ... EUR.
+ Wenn Sie zum ersten Mal bestellen, ...	– Bei einer Erstbestellung ...
+ Als Anlage senden wir Ihnen ...	– In der Anlage erhalten Sie ...
+ Sie erhalten die Ware zu Ihrem Wunschtermin.	– Eine sorgfältige und pünktliche Belieferung sichern wir Ihnen zu.
+ Auf Ihren Auftrag freuen wir uns.	– Über Ihren Auftrag würden wir uns sehr freuen.

3.4 Bestellung

Eine Bestellung ist eine Willenserklärung des Käufers, eine Ware oder Dienstleistung unter bestimmten Voraussetzungen zu kaufen. Ein Kaufvertrag gilt als geschlossen, wenn ein schriftliches und verbindliches Angebot des Verkäufers vorliegt und darauf eine Bestellung des Käufers erfolgt.

MERKE

Bestellungen können grundsätzlich

- **mündlich (telefonisch),**
- **schriftlich (durch Brief) oder**
- **elektronisch (per Telefax, E-Mail oder über das Internet)**

erfolgen.

Nachdem das Angebot und der Nachfassbrief der „Office & More" vorliegen, bestellt Julia Neumann im Auftrag von „Fahrradgroßhandel Klaus Koslowski" das besser ausgestattete und teurere Kopiergerät mit dem von „Office & More" im Nachfassbrief angebotenen Preisnachlass.

Beispiel für eine Bestellung

FAHRRAD GROSSHANDEL KLAUS KOSLOWSKI GMBH

Fahrradgroßhandel Klaus Koslowski GmbH · Postfach 10 10 10 · 35001 Marburg

Office & More OHG
Frau Meryem Akzoy
Industriestraße 75
38104 Braunschweig

Ihr Zeichen:	off-ma
Ihre Nachricht vom:	23.07.20..
Unser Zeichen:	kk-neu
Unsere Nachricht vom:	11.07.20..
Name:	Julia Neumann
Telefon:	06421 776644
Telefax:	06421 776643
E-Mail:	j.neumann@fahrrad-koslowski-wvd.de
Datum:	24. Juli 20..

Bestellung

Sehr geehrte Frau Akzoy,

vielen Dank für Ihr Angebot und die Unterlagen. Wir bestellen

1 Kopiergerät, Modell Copyprint DCL 7250,
Artikel-Nr. 780 391, zum Sonderpreis von 869,00 EUR [1]
zzgl. 29,50 EUR Transportkosten und gesetzlicher Umsatzsteuer.

Liefern Sie uns das Kopiergerät bitte innerhalb von acht Tagen. Vielen Dank.

Freundliche Grüße

FAHRRADGROSSHANDEL
KLAUS KOSLOWSKI GmbH

Julia Neumann

i. A. Julia Neumann

Geschäftsräume: Leopold-Lucas-Straße 110–112, 35037 Marburg (Lahn)
Internet: www.fahrrad-koslowski-wvd.de
Sitz der Firma: Marburg (Lahn)
Registergericht: AG Marburg HRB 1234
Geschäftsführer: Klaus Koslowski
USt-IDNr.: DE 987654321
Steuer-Nr.: 0 123 456 789
Bankverbindungen: Commerzbank Marburg, IBAN DE12 5334 0024 2345 6789 01, BIC COBADEFFXXX; Sparkasse Marburg-Biedenkopf, IBAN DE79 5335 0000 1234 5678 90, BIC HELADEF1MAR

[1] *Wichtige Informationen können Sie im Brieftext zentrieren.*

3.4.1 Bestellungsannahme (Auftragsbestätigung)

MERKE

Eine Bestellung müssen Sie nicht grundsätzlich bestätigen. Dies ist aber bei Neukunden sinnvoll oder um Missverständnisse und Hörfehler bei mündlichen (telefonischen) Bestellungen zu vermeiden. Eine Auftragsbestätigung empfiehlt sich auch dann, wenn die Bestellung später als vereinbart oder nicht in allen Teilen ausgeführt wird.

Für den „Fahrradgroßhandel Klaus Koslowski“ erstellt Meryem Akzoy eine Auftragsbestätigung.

Prima!	Nicht so gut!
+ Vielen Dank für Ihre Bestellung.	– Ihr Auftrag ist dankend bei uns eingegangen.
+ Auf Ihren Auftrag freuen wir uns.	– Über Ihren Auftrag haben wir uns sehr gefreut.
+ Sie erhalten voraussichtlich am ...	– Geliefert werden Ihnen durch uns am ...
+ Sie erhalten die Ware am ...	– Wir versichern Ihnen, dass wir Ihren Auftrag sorgfältig und gewissenhaft ausführen werden.

3.4.2 Widerruf

Ein Widerruf kann unter bestimmten Voraussetzungen erfolgen:

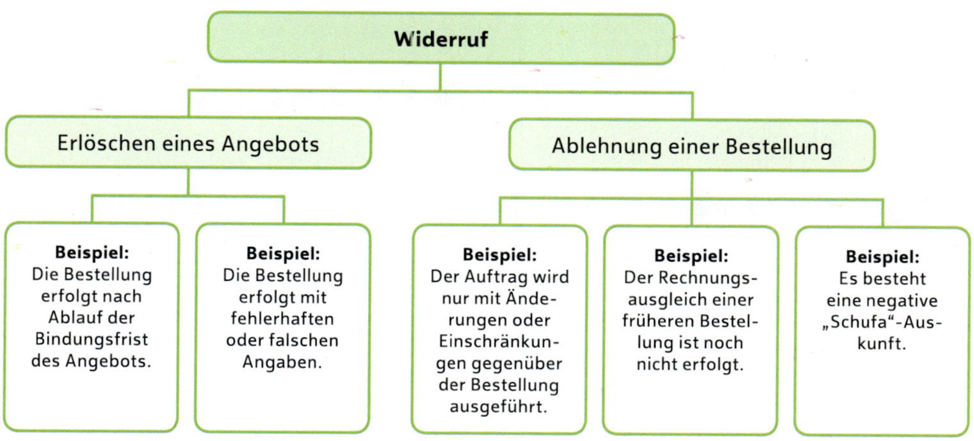

Einen Widerruf sollten Sie auf jeden Fall schriftlich vornehmen.

Aus Sicht des Käufers muss man beachten, dass die Bestellung verbindlich ist, sobald sie den Empfänger erreicht. Nach § 130 Abs. 1 BGB kann der Käufer nur stornieren, wenn der Widerruf vor oder spätestens gleichzeitig mit der Bestellung eintrifft. In den Allgemeinen Geschäftsbedingungen können auch andere Regelungen getroffen werden.

Beispiel für eine Auftragsbestätigung

OFFICE & MORE OHG
IT- und Bürobedarf und -einrichtung

Ihr Zeichen:	kk-neu
Ihre Nachricht vom:	24.07.20..
Unser Zeichen:	off-ma
Unsere Nachricht vom:	23.07.20..
Name:	Meryem Akzoy
Telefon:	0531 3040-89
Telefax:	0531 3040-40
E-Mail:	m.akzoy@officeandmore-wvd.de
Internet:	www.officeandmore-wvd.de
Datum:	25. Juli 20..

OFFICE & MORE OHG · Postfach 12 34 56 · 38001 Braunschweig
Fahrradgroßhandel
Klaus Koslowski GmbH
Frau Julia Neumann
Leopold-Lucas-Str. 110 – 112
35037 Marburg

Auftragsbestätigung
Auftrags-Nr. 20../65432 1
Kunden-Nr. 10101

Guten Tag Frau Neumann,

vielen Dank für Ihre Bestellung. Sie erhalten voraussichtlich am 30. Juli 20..

1 Kopiergerät **Copyprint DCL 7250**, Artikel-Nr. 780 391
zum Preis von 869,00 EUR, zzgl. 29,50 EUR Transportkosten und USt.

Freuen Sie sich auf brillante und schnelle Druckergebnisse.

Freundliche Grüße aus Braunschweig

OFFICE & MORE OHG

Meryem Akzoy

i. A. Meryem Akzoy

Geschäftsräume:	Sitz der Firma:	Geschäftsführer:	USt-IDNr.:	Bankverbindungen:	
Industriestraße 75 38104 Braunschweig	Braunschweig **Registergericht:** AG Braunschweig HRA 7890	Lars Berger	DE 876543210 **Steuer-Nr.:** 1 234 567 890	Volksbank Braunschweig IBAN DE24 2699 1066 1234 5678 90 BIC GENODEF1WOB	Sparda-Bank Braunschweig IBAN DE06 2509 0500 9876 5432 10 BIC GENODEF1S09

1 Verwenden Sie Auftrags-, Kunden- und Rechnungsnummern-, das erleichtert die Korrespondenz!

Der „Fahrradgroßhandel Klaus Koslowski“ hat „Funsport Marburg“ vor zwei Monaten ein Angebot über verschiedene Fahrradmodelle und Zubehör gemacht. Dieses galt aber nur für einen Monat. Gestern erhielt der Fahrradgroßhandel eine Bestellung. Julia Neumann teilt „Funsport Marburg“ mit, dass die bestellten Artikel jetzt nicht mehr lieferbar sind.

Beispiel für ein Schreiben über das Erlöschen eines Angebots

FAHRRAD GROSSHANDEL KLAUS KOSLOWSKI GMBH

Fahrradgroßhandel Klaus Koslowski GmbH · Postfach 10 10 10 · 35001 Marburg
Funsport Marburg GmbH
Herrn Alex Schmidt
Büssingpark 12
35037 Marburg

Ihr Zeichen:	fs-schm
Ihre Nachricht vom:	16.07.20..
Unser Zeichen:	kk-neu
Unsere Nachricht vom:	10.05.20..
Name:	Julia Neumann
Telefon:	06421 776644
Telefax:	06421 776643
E-Mail:	j.neumann@fahrrad-koslowski-wvd.de
Datum:	17. Juli 20..

Ihre Bestellung

Sehr geehrter Herr Schmidt,

vielen Dank für Ihre Bestellung. Wir können diesen Auftrag nicht mehr ausführen, da das Angebot vom 10. Mai d. J. nur für einen Monat galt.

Unser Lieferant stellt die von Ihnen gewünschten Artikel inzwischen nicht mehr her. In unserem Katalog finden Sie auf Seite 84 ähnliche Produkte anderer Hersteller mit gleicher Qualität zu günstigen Preisen. [1]

Entsprechen sie Ihren Vorstellungen? Dann freuen wir uns auf Ihre Bestellung.

Wenn Sie Fragen zu den Produkten haben, wenden Sie sich an Max Müller, Sie erreichen ihn unter 06421 776655.

Freundliche Grüße

FAHRRADGROSSHANDEL
KLAUS KOSLOWSKI GmbH

Julia Neumann

i. A. Julia Neumann

Geschäftsräume: Leopold-Lucas-Straße 110 – 112, 35037 Marburg (Lahn)
Internet: www.fahrrad-koslowski-wvd.de
Sitz der Firma: Marburg (Lahn)
Registergericht: AG Marburg HRB 1234
Geschäftsführer: Klaus Koslowski
USt-IDNr.: DE 987654321
Steuer-Nr.: 0 123 456 789
Bankverbindungen: Commerzbank Marburg, IBAN DE12 5334 0024 2345 6789 01, BIC COBADEFFXXX; Sparkasse Marburg-Biedenkopf, IBAN DE79 5335 0000 1234 5678 90, BIC HELADEF1MAR

[1] *Geben Sie die Seitenzahl im Katalog an, dann hat der Kunde Alternativprodukte schnell gefunden.*

„Office & More" erhält eine Bestellung der Web- und Werbeagentur „New Look". Da der Rechnungsbetrag der letzten Lieferung, die vier Monate zurückliegt, noch offensteht, führt „Office & More" die Bestellung nicht aus. Meryem Akzoy erstellt ein entsprechendes Schreiben.

Beispiel für die Ablehnung einer Bestellung

OFFICE & MORE OHG
IT- und Bürobedarf und -einrichtung

Ihr Zeichen: se
Ihre Nachricht vom: 24.08.20..
Unser Zeichen: off-ma
Unsere Nachricht vom:

Name: Meryem Akzoy
Telefon: 0531 3040-89
Telefax: 0531 3040-40
E-Mail: m.akzoy@officeandmore-wvd.de
Internet: www.officeandmore-wvd.de

Datum: 25. August 20..

OFFICE & MORE OHG · Postfach 12 34 56 · 38001 Braunschweig
Web- und Werbeagentur [1]
New Look
Janine Sellbacher e. Kffr.
Steuler Str. 5
60599 Frankfurt

Ihre Bestellung
Auftrags-Nr. 20../69378
Kunden-Nr. 12560

Guten Tag Frau Sellbacher,

vielen Dank für Ihre Bestellung, die wir nicht direkt ausführen können.

Denn unsere Buchhaltung teilt uns mit, dass Sie die letzte Rechnung vom 10. April d. J. noch nicht beglichen haben. Informieren Sie uns bitte, wenn dies z. B. an einer Reklamation [2] liegt. Dann erhalten Sie die Waren sofort.

Bitte haben Sie Verständnis dafür, dass wir Ihren Auftrag erst ausführen, wenn Sie die Außenbestände bezahlt haben.

Freundliche Grüße aus Braunschweig

OFFICE & MORE OHG

Meryem Akzoy

i. A. Meryem Akzoy

Geschäftsräume: Industriestraße 75, 38104 Braunschweig
Sitz der Firma: Braunschweig
Registergericht: AG Braunschweig HRA 7890
Geschäftsführer: Lars Berger
USt-IDNr.: DE 876543210
Steuer-Nr.: 1 234 567 890
Bankverbindungen: Volksbank Braunschweig, IBAN DE24 2699 1066 1234 5678 90, BIC GENODEF1WOB; Sparda-Bank Braunschweig, IBAN DE06 2509 0500 9876 5432 10, BIC GENODEF1S09

[1] Verwenden Sie bei inhabergeführten Unternehmen (Einzelfirmen) anstatt der früher üblichen Bezeichnung „Firma" die Abkürzungen „e. Kffr." (eingetragene Kauffrau) oder „e. Kfm." (eingetragener Kaufmann).

[2] Verärgern Sie Kunden nicht. Manchmal haben sie gute Gründe, Rechnungen nicht zu zahlen. Erfragen Sie daher die Gründe!

3.5 Besondere Kaufgeschäfte

Verkäufer (Anbieter) und Käufer (Besteller) treffen oft individuelle Vereinbarungen. Daraus haben sich besondere Arten von Kaufverträgen entwickelt:

Beispiele für Formulierungen bei besonderen Kaufgeschäften:

Fixkauf
Der Liefertermin bzw. -zeitraum steht genau fest:

- „Wir bestellen das Kopiergerät zur Lieferung **bis zum 30. April 20..**"
- „Die Ware trifft **am 1. Juni 20..** bei uns ein."
- „Liefern Sie uns die Fahrräder **am Dienstag, 15. September 20.., bis 10 Uhr.**"

Kauf auf Abruf
Der Käufer ruft die Ware in Teilmengen zu bestimmten Terminen ab:

„Liefern Sie uns in Teilmengen am 31. März 20.. (25 Herren-Fahrräder, Modell RTX-90), am 15. April 20.. (15 Damen-Fahrräder, Modell RTX-80) sowie am 30. April 20.. (7 Kinder-Fahrräder, Modell RTX-70)."

Kauf auf Probe
Der Käufer prüft die Ware und behält sie nur, wenn sie den Anforderungen entspricht: „Unter dem Vorbehalt, dass uns Ihre Produkte gefallen, bestellen wir heute ..."

3.6 Rechnung

Die Rechnung dokumentiert den Kauf von Waren und Dienstleistungen. Nach erfolgter Zahlung gilt der Handelsvorgang als abgeschlossen.

3.6.1 Rechnung als Geschäftsbrief

„Office & More“ liefert das bestellte Kopiergerät zusammen mit einer von Meryem Akzoy erstellten Rechnung an den „Fahrradgroßhandel Klaus Koslowski“.

Beispiel für eine Rechnung als Geschäftsbrief

OFFICE & MORE OHG
IT- und Bürobedarf und -einrichtung

OFFICE & MORE OHG · Postfach 12 34 56 · 38001 Braunschweig
Fahrradgroßhandel
Klaus Koslowski GmbH
Leopold-Lucas-Str. 110 – 112
35037 Marburg

Bitte bei Zahlung und Schriftwechsel angeben!
Kundennummer: 10101
Rechnungsnummer: 20../65432

Ansprechpartner(in): Meryem Akzoy
Telefon: 0531 3040-89
Telefax: 0531 3040-40
E-Mail: m.akzoy@officeandmore-wvd.de
Internet: www.officeandmore-wvd.de

Datum: 30. Juli 20..

Rechnung

Wir lieferten Ihnen:

Pos.	Menge	Einheit	Art.-Nr.	Artikel	Einzelpreis in EUR	Gesamtpreis in EUR
1	1	Stück	780 391	Kopiergerät Copyprint DCL 7250	869,00	869,00
2	1			Transportpauschale		29,50
				Zwischensumme		**898,50**
				zzgl. 19 % Umsatzsteuer		170,72
				Gesamtsumme		**1.069,22**

Zahlungsbedingungen: Innerhalb acht Tagen mit 3 % Skonto oder innerhalb 30 Tagen ohne Abzug

Wir danken für Ihren Auftrag!

HINWEIS

Wenn Sie die Ware und die Rechnung getrennt voneinander versenden, können Sie die Rechnung aus Kostengründen als PDF-Datei per E-Mail übermitteln.

3.6.2 Rechnung als E-Mail

Beispiel für eine Rechnung als E-Mail

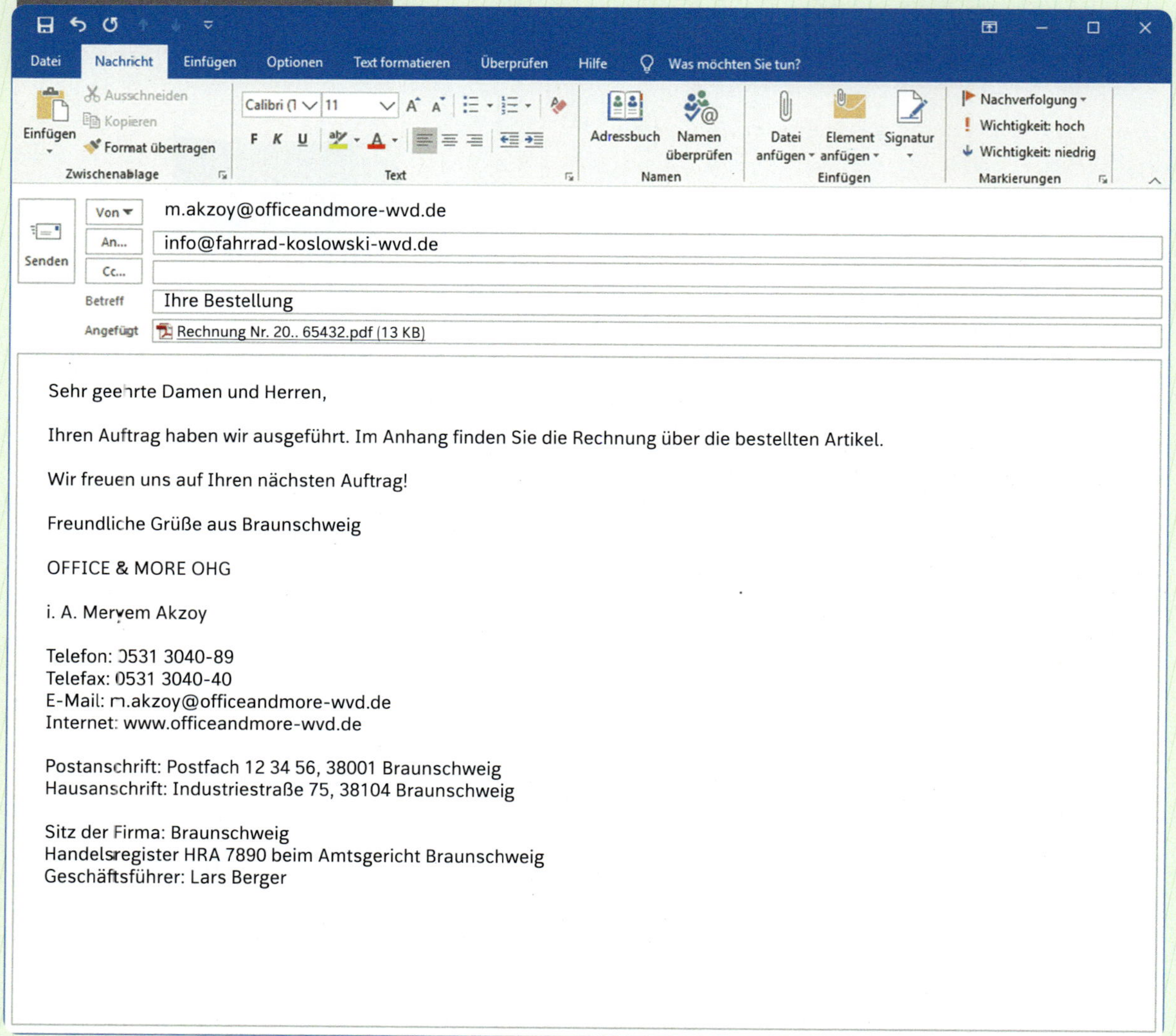

Von m.akzoy@officeandmore-wvd.de
An... info@fahrrad-koslowski-wvd.de
Cc...
Betreff Ihre Bestellung
Angefügt Rechnung Nr. 20.. 65432.pdf (13 KB)

Sehr geehrte Damen und Herren,

Ihren Auftrag haben wir ausgeführt. Im Anhang finden Sie die Rechnung über die bestellten Artikel.

Wir freuen uns auf Ihren nächsten Auftrag!

Freundliche Grüße aus Braunschweig

OFFICE & MORE OHG

i. A. Meryem Akzoy

Telefon: 0531 3040-89
Telefax: 0531 3040-40
E-Mail: m.akzoy@officeandmore-wvd.de
Internet: www.officeandmore-wvd.de

Postanschrift: Postfach 12 34 56, 38001 Braunschweig
Hausanschrift: Industriestraße 75, 38104 Braunschweig

Sitz der Firma: Braunschweig
Handelsregister HRA 7890 beim Amtsgericht Braunschweig
Geschäftsführer: Lars Berger

3.6.3 Absicherung des Kaufpreises

Oft bringt ein Lieferant gegenüber seinem Kunden eine Vorleistung, indem der Kunde den Rechnungsbetrag erst bezahlt, nachdem er die Ware erhalten hat. Der Lieferant kann die Kaufpreisforderung – insbesondere bei neuen Kunden – durch folgende Maßnahmen absichern:

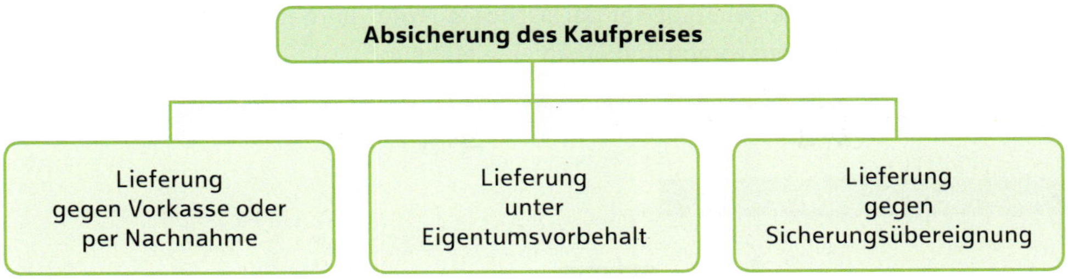

Lieferung gegen Vorkasse oder per Nachnahme
Der Lieferant erhält den Rechnungsbetrag vor bzw. bei Auslieferung der Ware durch Banküberweisung des Kunden, Lastschrifteinzug, Nachnahmesendung oder Zahlung mit Kreditkarte oder anderen Bezahlverfahren, z.B. „PayPal".

Lieferung unter Eigentumsvorbehalt
Der Lieferant bleibt Eigentümer der Ware oder Dienstleistung, bis der Kunde die Rechnung ausgeglichen hat. Er hat auch ein Rücktrittsrecht vom Vertrag, ein Aussonderungsrecht im Insolvenzverfahren und ein Widerspruchsrecht im Zwangsvollstreckungsverfahren.

Lieferung gegen Sicherungsübereignung
Die Sicherungsübereignung bietet sich beim Kauf teurer Maschinen und Geräte an. Beispiel: Eine Bank gewährt dem Käufer eines Kraftfahrzeugs ein Darlehen und erhält im Gegenzug die Zulassungsbescheinigung Teil I (Fahrzeugbrief).

3.7 Lieferungsverzug

Lieferungsverzug entsteht, wenn der Lieferant die aufgrund eines Kaufvertrages bestellten Waren oder Dienstleistungen schuldhaft nicht rechtzeitig oder vollständig an den Käufer liefert oder der Käufer den Lieferanten nach der Fälligkeit gemahnt oder ihm eine Frist zur Nachlieferung gesetzt hat.

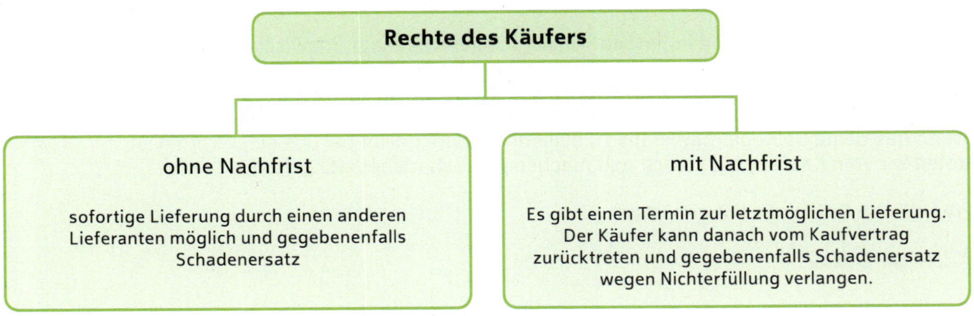

Eine Mahnung ist nicht erforderlich

- **bei einem Fix- oder Zweckkauf,**
- **wenn ein Lieferant einem Kunden gegenüber erklärt, dass er nicht liefern kann oder wird, sich also selbst „in Verzug" setzt.**

Die Stadtverwaltung Klingenstadt hat bei „Office & More" Büroartikel bestellt. Die Firma befindet sich in Lieferungsverzug und erhält eine Mahnung.

Beispiel für eine Mitteilung zum Lieferungsverzug

Klingenstadt

Stadt Klingenstadt · Rathaus · Marktplatz 1 · 34567 Klingenstadt
Office & More OHG
Frau Meryem Akzoy
Industriestraße 75
38104 Braunschweig

Ihr Zeichen: off-ma
Ihre Nachricht vom: 30.06.20..
Geschäftszeichen: I A 150 – 243/I..
Bei Antwort und Rückfragen bitte stets angeben!

Bearbeiter(in): Melanie Bauer
Telefon: 06450 5432-15
Telefax: 06450 5432-11
E-Mail: m.bauer@stadt-klingenstadt-wvd.de

Datum: 16. Juli 20...

Unsere Bestellung – Kunden-Nr. 10560
Auftrags-Nr. 20../65415

Sehr geehrte Frau Akzoy,

am 2. Juli 20.. hatten wir bei Ihnen

10000 Blatt Office-Kopierpapier „economy" A4, weiß, 80 g/m²,
Artikel-Nr. 750 310, zum Preis von 2,99 EUR pro 500 Blatt;

5000 Blatt Office-Kopierpapier „economy" A3, weiß, 80 g/m²,
Artikel-Nr. 750 312, zum Preis von 4,99 EUR pro 500 Blatt

zzgl. Transportkosten und gesetzlicher Umsatzsteuer bestellt.

Sie haben uns die Lieferung innerhalb von acht Tagen zugesagt. Inzwischen sind 14 Tage vergangen, ohne dass Sie uns einen Grund für die Verzögerung genannt haben. Bitte senden Sie uns die Ware bis 20. Juli d. J.

Wenn das bestellte Kopierpapier bis zu diesem Zeitpunkt nicht bei uns eingetroffen ist, treten wir vom Kaufvertrag zurück und machen ggf. Schadenersatz geltend.

Freundliche Grüße aus Klingenstadt

Melanie Bauer

i. A. Melanie Bauer
Verwaltungsfachangestellte

Postanschrift:
Rathaus
Marktplatz 1
34567 Klingenstadt

Servicezeiten:
Montag – Freitag
von 9 bis 17 Uhr

Internet:
www.stadt-klingenstadt-wvd.de

Bankverbindungen:
Postbank Frankfurt
IBAN DE85 5001 0060
9876 5432 10
BIC PBNKDEFFXXX

Sparkasse Klingenstadt
IBAN DE34 5345 3434
1234 5678 90
BIC HELADEFOKST

Prima!	Nicht so gut!
Am ... *(Datum)* hatten wir bei Ihnen ... *(Artikel)* bestellt.	Wir möchten Sie dringend an unseren Auftrag erinnern.
Sie haben uns keinen Grund für die Verzögerung genannt.	Sie haben sich zu dieser bedauerlichen Verzögerung leider nicht geäußert.
Bitte senden Sie uns die Ware bis ... *(Datum)*.	Wir wollen Ihnen eine Nachfrist bis zum ... *(Datum)* setzen.
Wir werden vom Kaufvertrag zurücktreten und machen ggf. Schadenersatz geltend.	Für die entstehenden Mehrkosten müssten Sie aufkommen.

3.8 Annahmeverzug

Annahmeverzug entsteht, wenn der Käufer bestellte und ordnungsgemäß gelieferte Ware oder Dienstleistungen nicht annimmt. Der Lieferant haftet in diesen Fällen nur noch bei Vorsatz oder grober Fahrlässigkeit.

Rechte des Lieferanten

- Verzicht auf Erfüllung des Vertrages und anderweitiger Verkauf der Ware oder Dienstleistung
  Verkäufer und Käufer müssen sich darauf einigen.
- Einlagerung der Ware
  an einem geeigneten Ort auf Kosten des Käufers
- Öffentliche Versteigerung der Ware
  „Selbsthilfeverkauf" mit Ankündigung oder „Notverkauf" auch ohne Ankündigung – den evtl. Mindererlös trägt der Käufer.
- Klage gegen den Käufer auf Abnahme der Ware oder Dienstleistung

Julia Neumann schreibt an „Funsport Marburg". Die Firma hat die bestellten Fahrräder bei der Auslieferung nicht angenommen. Sie befindet sich in Annahmeverzug.

Beispiel für die Nichtannahme einer Lieferung

FAHRRAD
GROSSHANDEL
KLAUS KOSLOWSKI GMBH

Fahrradgroßhandel Klaus Koslowski GmbH · Postfach 10 10 10 · 35001 Marburg
Funsport Marburg GmbH
Herrn Alex Schmidt
Büssingpark 12
35037 Marburg

Ihr Zeichen: fs-schm
Ihre Nachricht vom: 17.07.20..
Unser Zeichen: kk-neu
Unsere Nachricht vom: 18.07.20..

Name: Julia Neumann
Telefon: 06421 776644
Telefax: 06421 776643
E-Mail: j.neumann@fahrrad-koslowski-wvd.de

Datum: 24. Juli 20..

Nichtannahme unserer Lieferung

Sehr geehrter Herr Schmidt,

Sie haben die bei uns am 17. Juli 20.. bestellten Fahrräder nicht angenommen.

Wie vereinbart haben wir die Artikel innerhalb von acht Tagen geliefert. Diesen Termin haben wir eingehalten und den Auftrag damit ordnungsgemäß ausgeführt.

Die Fahrräder befinden sich in unseren Geschäftsräumen. Dort können Sie von Ihnen abgeholt werden.

Wenn Sie die bestellten Artikel nicht bis zum 3. August abnehmen, werden wir sie auf Ihre Kosten in einer Marburger Spedition für drei Monate einlagern. Nach weiterem Annahmeverzug werden wir die Ware öffentlich versteigern lassen. Die Kosten, die uns durch Ihre Nichtannahme der Fahrräder entstehen, werden wir Ihnen berechnen.

Freundliche Grüße

FAHRRADGROSSHANDEL
KLAUS KOSLOWSKI GmbH

Julia Neumann

i. A. Julia Neumann

Geschäftsräume: Leopold-Lucas-Straße 110 – 112, 35037 Marburg (Lahn)
Internet: www.fahrrad-koslowski-wvd.de
Sitz der Firma: Marburg (Lahn)
Registergericht: AG Marburg HRB 1234
Geschäftsführer: Klaus Koslowski
USt-IDNr.: DE 987654321
Steuer-Nr.: 0 123 456 789
Bankverbindungen:
Commerzbank Marburg, IBAN DE12 5334 0024 2345 6789 01, BIC COBADEFFXXX
Sparkasse Marburg-Biedenkopf, IBAN DE79 5335 0000 1234 5678 90, BIC HELADEF1MAR

Prima!	Nicht so gut!
Sie haben die bei uns bestellten Artikel nicht angenommen.	Hinsichtlich der von Ihnen bestellten Artikel haben Sie die Annahme der Lieferung verweigert.
Wie vereinbart, haben wir die Geräte innerhalb von ... Tagen geliefert.	Wie aus unserer Bestellungsannahme hervorgeht, war die Auslieferung der Geräte innerhalb von ... Tagen vorgesehen.
Informieren Sie uns bitte, warum Sie die bestellten Artikel nicht angenommen haben.	Bitte informieren Sie uns bis zum ... *(Datum)* über die Gründe des Annahmeverzuges.

3.9 Reklamation

Bei einer Reklamation gibt es Sach- oder Rechtsmängel:

Reklamation

- ... begründet durch Sachmängel
  - Güte (mangelhafte Qualität)
  - Beschaffenheit (Beschädigung)
  - Art (Falschlieferung)
  - Menge (Anzahl)
  - Mängel (z. B. bei der Montage oder bei fehlender Montage- oder Bedienungsanleitung)
- ... begründet durch Rechtsmängel
  - Die Ware gehört dem Verkäufer gar nicht, ein Dritter hat Rechte daran.

Der Käufer hat folgende Rechte:

Rechte des Käufers

- vorrangige Rechte (Nacherfüllung)
  - Nachbesserung – Reparatur
  - Neulieferung – Umtausch oder Ersatz
- nachrangige Rechte (nach Ablauf einer angemessenen Frist)
  - Minderung – Preisnachlass
  - Rücktritt vom Vertrag
  - Schadenersatz

Der Lieferer wendet in der Regel erst die vorrangigen Rechte des Käufers an.

Bei Reklamationen gelten gesetzlich festgelegte Fristen zwischen einem und 30 Jahren. Sind diese Fristen abgelaufen, besteht kein Anspruch des Käufers mehr.

3.9.1 Reklamation als Geschäftsbrief

„Office & More“ hat das bestellte Kopierpapier an die Stadt Klingenstadt verspätet geliefert. Beim Auspacken der Kartons stellt eine Mitarbeiterin fest, dass zwei Packungen des Kopierpapiers beschädigt sind. Melanie Bauer schreibt eine Reklamation, eine so genannte „Mängelrüge“.

Beispiel für eine Reklamation

Klingenstadt

Stadt Klingenstadt · Rathaus · Marktplatz 1 · 34567 Klingenstadt
Office & More OHG
Frau Meryem Akzoy
Industriestraße 75
38104 Braunschweig

Ihr Zeichen: off-ma
Ihre Nachricht vom: 30.06.20..
Geschäftszeichen: I A 150 – 243/..
Bei Antwort und Rückfragen bitte stets angeben!

Bearbeiter(in): Melanie Bauer
Telefon: 06450 5432-15
Telefax: 06450 5432-11
E-Mail: m.bauer@stadt-klingenstadt-wvd.de

Datum: 18. Juli 20...

Reklamation – Kunden-Nr. 10560
Auftrags-Nr. 20../65415

Sehr geehrte Frau Akzoy,

herzlichen Dank, dass Sie uns das Kopierpapier sandten. Wir stellten fest, dass

2 Packungen des office-Kopierpapiers „economy“ A4,
Artikel-Nr. 750 310,

an den Ecken beschädigt sind, sodass wir dieses Papier nicht verwenden können.

Bitte liefern Sie uns umgehend zwei dieser Packungen nach. Vielen Dank.

Freundliche Grüße aus Klingenstadt

Melanie Bauer

i. A. Melanie Bauer
Verwaltungsfachangestellte

Postanschrift:
Rathaus
Marktplatz 1
34567 Klingenstadt

Servicezeiten:
Montag – Freitag
von 9 bis 17 Uhr

Internet:
www.stadt-klingenstadt-wvd.de

Bankverbindungen:
Postbank Frankfurt
IBAN DE85 5001 0060
9876 5432 10
BIC PBNKDEFFXXX

Sparkasse Klingenstadt
IBAN DE34 5345 3434
1234 5678 90
BIC HELADEFOKST

Prima!	Nicht so gut!
+ Reklamation	– Mängelrüge
+ Die bestellte Ware ist heute bei uns eingetroffen.	– Wir haben die Ware erst gestern erhalten, auf die wir außerordentlich lange warten mussten.
+ Bitte liefern Sie uns umgehend zwei dieser Packungen nach.	– Wir erwarten umgehend die Zusendung zweier Packungen.

3.9.2 Reklamationsmanagement

Reagieren Sie professionell auf Kundenbeschwerden. Nehmen Sie jede Reklamation als Chance zur Verbesserung. Bearbeiten Sie Beanstandungen so, dass sich Ihr Kunde verstanden fühlt und zufrieden ist, das stärkt die Kundenbindung. Besonders wichtig im professionellen Reklamationsmanagement ist es, positiv zu formulieren.

MERKE

Antworten Sie auf Reklamationen sofort! Falls Ihnen etwas unklar ist, rufen Sie den Kunden an und klären Sie die Situation. Entschuldigen Sie sich – egal, wer für den „Fehler" verantwortlich ist. Beweisen Sie dem Kunden Ihre Kompetenz und präsentieren Sie eine Lösung. Zufriedene Kunden bleiben Kunden, sie werben möglicherweise sogar für Sie.

„Unmöglich" oder „Nein" gibt es nicht, bieten Sie Hilfe an. Das Image Ihres Unternehmens gewinnt, wenn Sie jede Reklamation ernst nehmen. Vielleicht kam die Ware schadhaft an oder haben Sie falsch geliefert? Vielleicht war Ihre Dienstleistung nicht perfekt? Geben Sie Ihren Fehler offen zu und regeln Sie die Beanstandung großzügig im Sinne des Kunden. Auch auf überzogene Forderungen des Kunden antworten Sie positiv, z. B.

„Auf die verkratzten Tische bieten wir Ihnen 20 % Nachlass an. Natürlich können wir sie ausbessern, oder sollen wir sie gegen einwandfreie Ware umtauschen? Wie entscheiden Sie sich?"

„Gerne senden wir Ihnen statt des Modells ‚ADRIA' gegen einen kleinen Aufpreis von 10,00 € das höherwertige Modell ‚FIS'. Sind Sie damit einverstanden?"

!

Falls Ihr Kunde einmal nicht Recht haben sollte, stellen Sie die Situation vorsichtig klar. z. B.: „Leder ist ein Naturprodukt, die kleinen Narben lassen sich nicht vermeiden und sind kein Reklamationsgrund." Sie können dem Kunden trotzdem entgegenkommen. Senden Sie ihm einen Gutschein oder bieten Sie ihm eine Zusatzleistung an: „Wir wünschen uns zufriedene Kunden, lösen Sie den Gutschein von 10,00 € bei Ihrer nächsten Bestellung ein."

Antwort auf Reklamationen

Versetzen Sie sich in die Lage des Kunden! Was wollen Sie als Erstes lesen, wenn Sie eine Antwort erhalten? Sicher eine Entschuldigung. Geben Sie dem Kunden Recht, zeigen Sie Verständnis für seine Lage! Gehen Sie auf Vorwürfe wie „Das hätte nicht passieren dürfen" oder Ähnliches nicht ein. Zeigen Sie Professionalität, indem Sie den Sachverhalt in eigenen Worten objektiv beschreiben und akzeptable Lösungen anbieten. Bleiben Sie freundlich und verbindlich, auch wenn der Kunde Ihnen einen mehr oder weniger unverschämten Brief schreibt.

HINWEIS **Antworten Sie auf Reklamationen am gleichen Tag! Nicht immer können Sie sofort konkrete Vorschläge machen, weil Sie die Beanstandung erst prüfen wollen. Dann geben Sie dem Kunden einen Zwischenbescheid.**

„Office & More" lieferte in der letzten Woche an das Warenhaus Steuler in Gießen fünf Laserdrucker. Heute reklamierte das Warenhaus mit einer E-Mail die Ware.

Beispiel für eine Reklamation als E-Mail

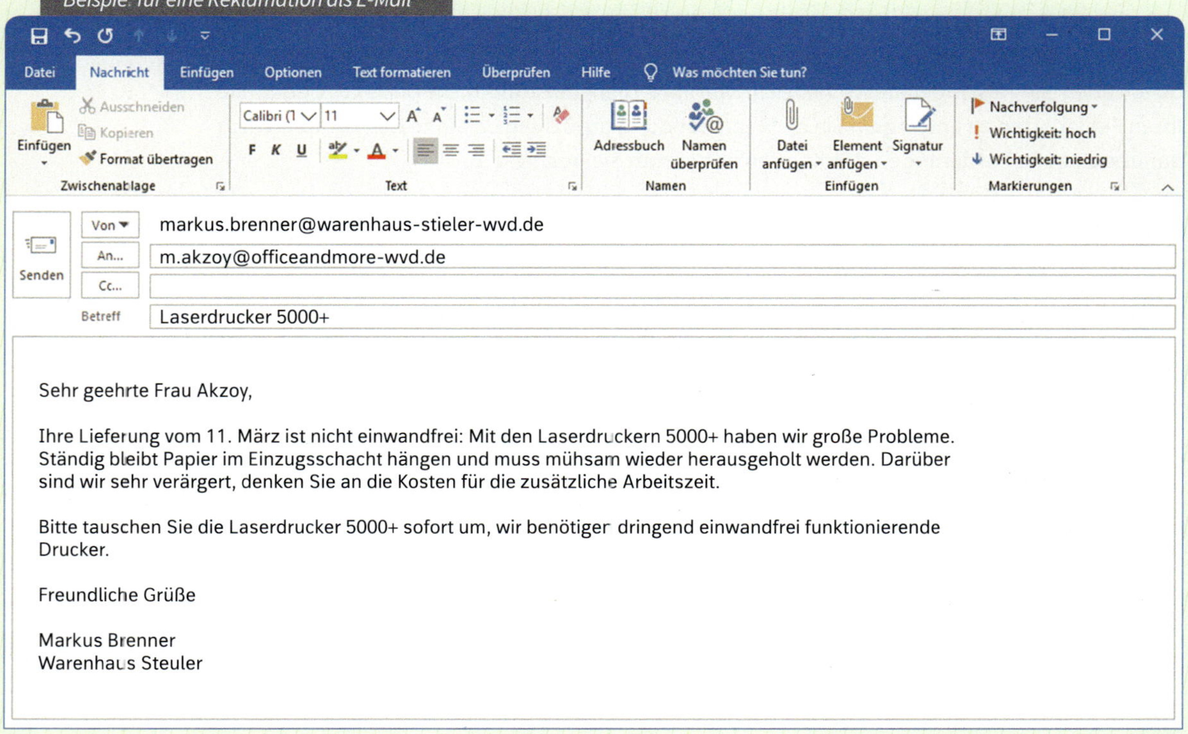
Von: markus.brenner@warenhaus-stieler-wvd.de
An...: m.akzoy@officeandmore-wvd.de
Cc...:
Betreff: Laserdrucker 5000+

Sehr geehrte Frau Akzoy,

Ihre Lieferung vom 11. März ist nicht einwandfrei: Mit den Laserdruckern 5000+ haben wir große Probleme. Ständig bleibt Papier im Einzugsschacht hängen und muss mühsam wieder herausgeholt werden. Darüber sind wir sehr verärgert, denken Sie an die Kosten für die zusätzliche Arbeitszeit.

Bitte tauschen Sie die Laserdrucker 5000+ sofort um, wir benötigen dringend einwandfrei funktionierende Drucker.

Freundliche Grüße

Markus Brenner
Warenhaus Steuler

Verkaufsleiterin Stefanie Huber bittet die Auszubildende Meryem Akzoy, die E-Mail zu beantworten. Meryem Akzoy berücksichtigt die handschriftlichen Informationen der Verkaufsleiterin:

Bitte E-Mail sofort beantworten:
Fehler kann am Papier liegen. Ist das Papier für Laserdrucker geeignet?
Kunde soll Folgendes versuchen: Papier richtig in den Papierschacht legen (Pfeil auf der Verpackung beachten).
6. September 20..
Stefanie Huber

Beispiel für eine Antwort auf eine Reklamation als E-Mail

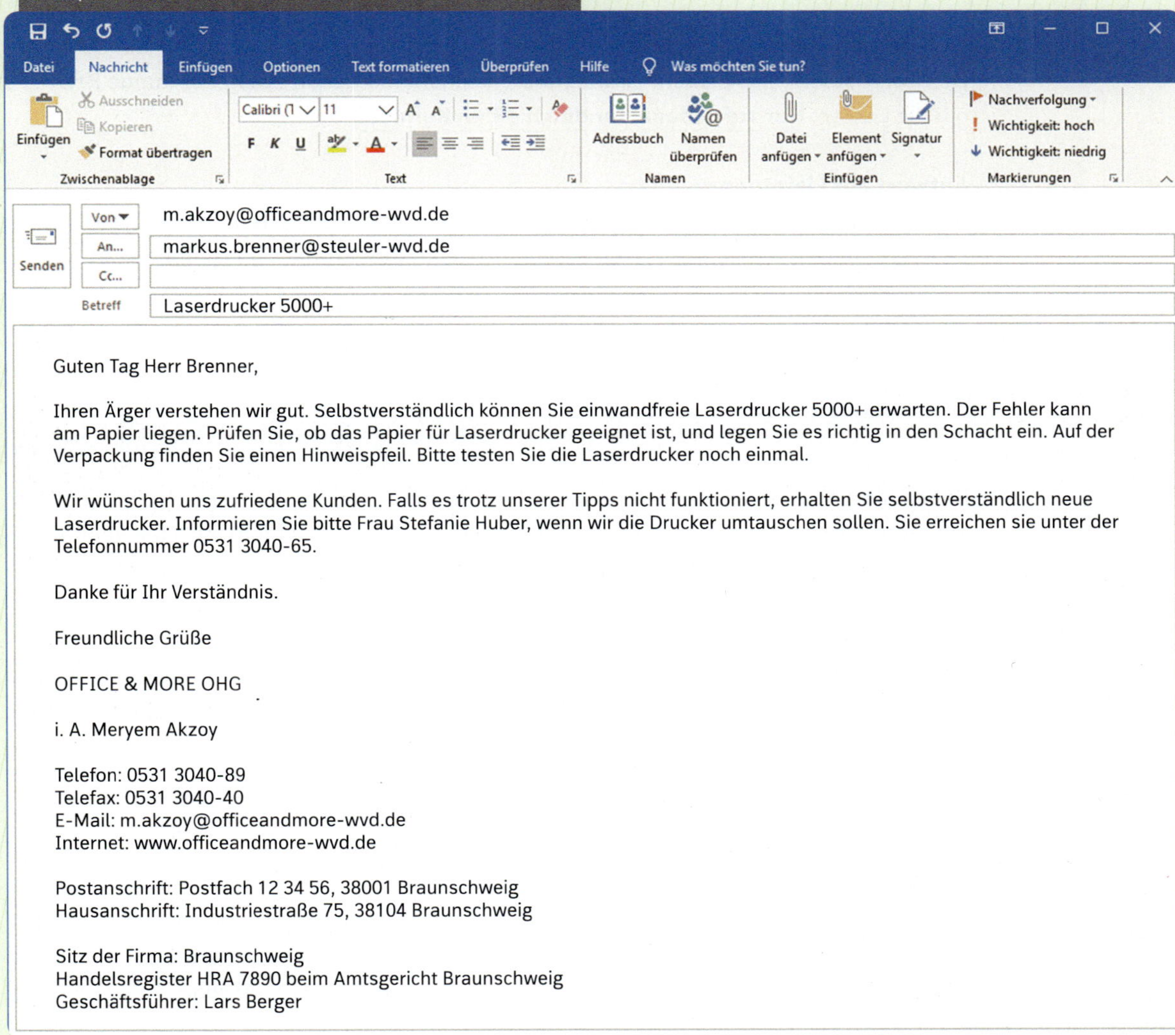

Von: m.akzoy@officeandmore-wvd.de
An...: markus.brenner@steuler-wvd.de
Cc...:
Betreff: Laserdrucker 5000+

Guten Tag Herr Brenner,

Ihren Ärger verstehen wir gut. Selbstverständlich können Sie einwandfreie Laserdrucker 5000+ erwarten. Der Fehler kann am Papier liegen. Prüfen Sie, ob das Papier für Laserdrucker geeignet ist, und legen Sie es richtig in den Schacht ein. Auf der Verpackung finden Sie einen Hinweispfeil. Bitte testen Sie die Laserdrucker noch einmal.

Wir wünschen uns zufriedene Kunden. Falls es trotz unserer Tipps nicht funktioniert, erhalten Sie selbstverständlich neue Laserdrucker. Informieren Sie bitte Frau Stefanie Huber, wenn wir die Drucker umtauschen sollen. Sie erreichen sie unter der Telefonnummer 0531 3040-65.

Danke für Ihr Verständnis.

Freundliche Grüße

OFFICE & MORE OHG

i. A. Meryem Akzoy

Telefon: 0531 3040-89
Telefax: 0531 3040-40
E-Mail: m.akzoy@officeandmore-wvd.de
Internet: www.officeandmore-wvd.de

Postanschrift: Postfach 12 34 56, 38001 Braunschweig
Hausanschrift: Industriestraße 75, 38104 Braunschweig

Sitz der Firma: Braunschweig
Handelsregister HRA 7890 beim Amtsgericht Braunschweig
Geschäftsführer: Lars Berger

Vergleichen Sie selbst: Welche Formulierungen liest der Empfänger lieber?

So sehen kundenorientierte Antworten aus!

Prima!	Nicht so gut!
+ Ihren Ärger verstehen wir gut. Selbstverständlich können Sie einwandfreie Laserdrucker 5000+ erwarten.	– Sie reklamieren die gelieferten Laserdrucker 5000+.
+ Wir wünschen uns zufriedene Kunden. Rufen Sie uns an, wenn die Drucker trotz unserer Hinweise nicht ordnungsgemäß arbeiten! Wir tauschen sie dann aus.	– Nur wenn die Drucker weiterhin nicht ordnungsgemäß arbeiten, sind wir bereit, diese umzutauschen.

Viele Unternehmen regeln Reklamationen sehr großzügig. Selbst wenn der Kunde möglicherweise keinen „wirklichen“ Grund für die Beanstandung hat, erhält der Kunde Recht. Es gilt die Devise: **Nur zufriedene Kunden bleiben Kunden.**

Antwort auf Lieferungsverzug

Viele Gründe können hinter einem Lieferungsverzug stecken: Irrtum im Lieferdatum, ein Zulieferer hat Probleme, der Paketversender streikt, Ihre Produktion ist überlastet ...

HINWEIS **Informieren Sie Ihren Kunden sofort, wenn Sie nicht rechtzeitig liefern können! Professionell auf Lieferschwierigkeiten reagieren bedeutet auch hier wieder: Kundenbindung festigen statt Kunden verärgern!**

Haben Sie einen Fehler gemacht? Dann geben Sie ihn zu! Hat Ihr Zulieferer Probleme? Dann erläutern Sie die Lage! Eine Entschuldigung ist in jedem Fall angebracht. Sie können die Situation für den Kunden versöhnlich gestalten: Verzichten Sie auf die Lieferkosten, bieten Sie einen Rabatt an, danken Sie dem Kunden für sein Verständnis und seine Geduld.

„Office & More“ hat die Bestellung des Kunden „Müller KG“ über 100 Ordner nicht ausgeführt, da sie zurzeit nicht vorrätig sind. „Office & More“ erhält heute ein Schreiben des Kunden. In spätestens acht Tagen muss sie liefern, sonst kommen Schadenersatzforderungen auf die Firma zu.

Auszug aus dem Brief an den Kunden „Müller KG“:

„Sie haben uns die Ordner nicht wie versprochen am Freitag letzter Woche geschickt. Wir benötigen Sie dringend. Wir treten vom Kaufvertrag zurück, wenn die Ware bis 4. Februar nicht eingetroffen ist und machen Sie in diesem Fall schadenersatzpflichtig.“

Meryem Akzoy ruft den Zulieferer an und erfährt, dass die Ordner in drei Tagen eintreffen. Sie vereinbart mit ihm, dass 100 Ordner direkt an „Müller KG“ geschickt werden und schreibt einen Brief an den Inhaber, Herrn Olaf Müller.

Beispiel für eine Antwort auf einen Lieferungsverzug

OFFICE & MORE OHG
IT- und Bürobedarf und -einrichtung

OFFICE & MORE OHG · Postfach 12 34 56 · 38001 Braunschweig
Müller KG
Herrn Olaf Müller
Bertramweg 143
38300 Wolfenbüttel

Ihr Zeichen: mü-st
Ihre Nachricht vom: 27.01.20..
Unser Zeichen: off-ma
Unsere Nachricht vom:

Ansprechpartner(in): Meryem Akzoy
Telefon: 0531 3040-89
Telefax: 0531 3040-40
E-Mail: m.akzoy@officeandmore-wvd.de
Internet: www.officeandmore-wvd.de

Datum: 28. Januar 20..

Ihre Bestellung Nr. 254 1

Guten Tag Herr Müller,

bitte entschuldigen Sie, dass wir Ihnen die 100 Ordner nicht pünktlich gesendet haben. Sie wissen, wir legen großen Wert darauf, die Liefertermine einzuhalten. Diesmal hat es nicht geklappt. 2

Wir haben sofort mit unserem Zulieferer telefoniert. Er schickt Ihnen die Ordner per Express direkt zu, sie werden in drei Tagen bei Ihnen sein. Rufen Sie bitte Frau Huber an, falls Sie Fragen haben; Sie erreichen sie unter der Telefonnummer 0531 3040-65. 3

Als kleines Dankeschön für Ihre Geduld tragen wir diesmal die Transportkosten. Die nächste Lieferung erfolgt wieder pünktlich – versprochen! 4

Herzliche Grüße nach Wolfenbüttel

OFFICE & MORE OHG

Meryem Akzoy

i. A. Meryem Akzoy

1 *Neutrale Betreffangabe, negativ wäre „Lieferungsverzug".*

2 *Die Entschuldigung und die Erläuterung der Situation erzeugen Verständnis.*

3 *Der Empfänger fühlt sich und sein Problem ernst genommen, es wird gelöst.*

4 *Das „Bonbon" am Ende des Schreibens ist ein versöhnlicher Abschluss.*

Prima!	Nicht so gut!
+ Unser Zulieferer schickt Ihnen die Ordner per Express direkt zu, sie werden in drei Tagen bei Ihnen sein.	– Die Waren könnten in drei Tagen bei Ihnen sein.
+ Die nächste Lieferung erfolgt wieder pünktlich – versprochen!	– Wir hoffen, dass wir Sie demnächst wieder pünktlich beliefern können.

Denk dran!

- ✓ Formulieren Sie durchgängig positiv, auch wenn Sie persönlich angegriffen wurden.
- ✓ Danken Sie für „kritische“ Worte, zeigen Sie Verständnis für die Situation.
- ✓ Bleiben Sie freundlich und objektiv.
- ✓ Beschreiben Sie das „Problem“ sachlich mit eigenen Worten.
- ✓ Geben Sie Fehler zu und entschuldigen Sie sich.
- ✓ Zeigen Sie Lösungen und/oder Alternativen auf.
- ✓ Sagen Sie dem Kunden, was er tun soll, z. B. ein defektes Gerät kostenlos zurücksenden.
- ✓ Fragen Sie den Kunden, ob er mit Ihren Vorschlägen einverstanden ist.
- ✓ Geben Sie einen Ansprechpartner mit Namen und Telefonnummer an.
- ✓ Schließen Sie das Schreiben mit einer positiven Formulierung, z. B. „Wir sind überzeugt, dass Sie trotz des anfänglichen Fehlers lange Freude an Ihrem Drucker haben werden.“

3.10 Zahlungsverzug

3.10.1 Außergerichtliches Mahnverfahren

Die Web- und Werbeagentur „New Look“ hat die Rechnung der „Office & More“ nicht innerhalb der vereinbarten Zahlungsfrist von 30 Tagen bezahlt und befindet sich in Zahlungsverzug. Um ihren Kaufpreisanspruch durchzusetzen, nutzt die „Office & More“ zunächst das außergerichtliche Mahnverfahren. Meryem Akzoy erstellt ein erstes Mahnschreiben und nach weiteren 10 Tagen Zahlungsverzug ein zweites Mahnschreiben an „New Look“.

Obwohl es gesetzlich nicht vorgeschrieben ist, ist das außergerichtliche Mahnverfahren meist zweistufig (1. und 2. Mahnung).

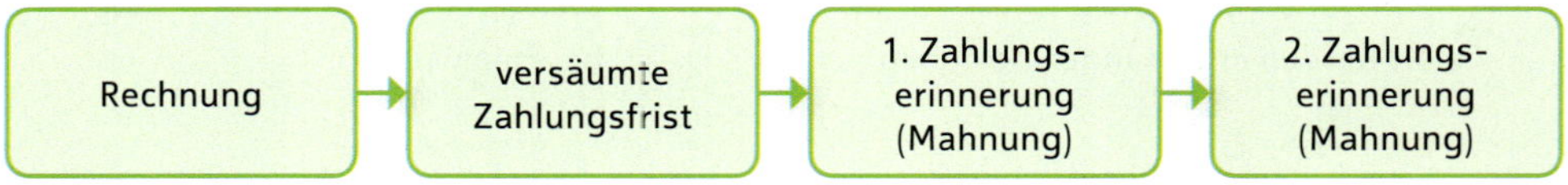

HINWEIS **Der Zahlungsverzug ist in § 286 BGB geregelt.**

Beispiel für 1. Zahlungserinnerung

OFFICE & MORE OHG
IT- und Bürobedarf und -einrichtung

Ihr Zeichen:	js
Ihre Nachricht vom:	10.04.20..
Unser Zeichen:	off-ma
Unsere Nachricht vom:	14.04.20..
Name:	Meryem Akzoy
Telefon:	0531 3040-89
Telefax:	0531 3040-40
E-Mail:	m.akzoy@officeandmore-wvd.de
Internet:	www.officeandmore-wvd.de
Datum:	16. Mai 20..

OFFICE & MORE OHG · Postfach 12 34 56 · 38001 Braunschweig

Web- und Werbeagentur
New Look
Janine Sellbacher e. Kffr.
Steuler Str. 5
60599 Frankfurt

Zahlungserinnerung

Guten Tag Frau Sellbacher,

Sie haben Ihr Konto noch nicht ausgeglichen:

Kunden-Nr. 12560

Rechnungs-Nr.	**Rechnungsdatum**	**Betrag in EUR**
20../67311	14.04.20..	258,60

Bitte zahlen Sie den Betrag bis zum 23. Mai 20.. auf unser Konto bei der [1]

Volksbank Braunschweig,
IBAN DE12 2699 1066 1234 5678 90,
BIC GENODEF1WOB.

Freundliche Grüße aus Braunschweig

OFFICE & MORE OHG
Abt. Buchhaltung

Dieses Schreiben wurde elektronisch erstellt und ist auch ohne Unterschrift gültig!

Geschäftsräume:	**Sitz der Firma:**	**Geschäftsführer:**	**USt-IDNr.:**	**Bankverbindungen:**	
Industriestraße 75 38104 Braunschweig	Braunschweig **Registergericht:** AG Braunschweig HRA 7890	Lars Berger	DE 876543210 **Steuer-Nr.:** 1 234 567 890	Volksbank Braunschweig IBAN DE24 2699 1066 1234 5678 90 BIC GENODEF1WOB	Sparda-Bank Braunschweig IBAN DE06 2509 0500 9876 5432 10 BIC GENODEF1S09

[1] Wenn Sie hier die Bankverbindung aufführen, braucht der Kunde diese Angaben nicht im "Kleingedruckten" zu suchen.

Zahlungserinnerungen sollten Sie immer nur in Form eines Geschäftsbriefes zustellen.

Beispiel für 2. Zahlungserinnerung

OFFICE & MORE OHG
IT- und Bürobedarf und -einrichtung

OFFICE & MORE OHG · Postfach 12 34 56 · 38001 Braunschweig

Web- und Werbeagentur
New Look
Janine Sellbacher e. Kffr.
Steuler Str. 5
60599 Frankfurt

Ihr Zeichen:	se
Ihre Nachricht vom:	10.04.20..
Unser Zeichen:	off-ma
Unsere Nachricht vom:	16.05.20..
Name:	Meryem Akzoy
Telefon:	0531 3040-89
Telefax:	0531 3040-40
E-Mail:	m.akzoy@officeandmore-wvd.de
Internet:	www.officeandmore-wvd.de
Datum:	26. Mai 20..

Unsere Rechnung Nr. 20../67311
2. Zahlungserinnerung

Guten Tag Frau Sellbacher,

auf unsere erste Zahlungserinnerung vom 16. Mai 20.. haben Sie nicht reagiert. Ihr Konto ist noch nicht ausgeglichen:

Kunden-Nr. 12560

Rechnungs-Nr.	**Rechnungsdatum**	**Betrag in EUR**
20../67311	14.04.20..	258,60
	zzgl. Mahnkosten	3,00
	Gesamtbetrag	**261,60**

Wir kennen Sie als zuverlässige Geschäftspartnerin und können uns nicht erklären, warum Ihre Zahlung diesmal nicht erfolgt ist. Setzen Sie sich bitte mit uns in Verbindung oder überweisen Sie den Betrag bis zum 2. Juni 20.. auf unser Konto bei der

Volksbank Braunschweig,
IBAN DE12 2699 1066 1234 5678 90,
BIC GENODEF1WOB.

Bitte beachten Sie, dass wir nach Ablauf der Frist Verzugszinsen berechnen und das gerichtliche Mahnverfahren einleiten.

Freundliche Grüße aus Braunschweig

OFFICE & MORE OHG
Abt. Buchhaltung

Dieses Schreiben wurde elektronisch erstellt und ist auch ohne Unterschrift gültig!

Geschäftsräume: Industriestraße 75, 38104 Braunschweig
Sitz der Firma: Braunschweig
Registergericht: AG Braunschweig HRA 7890
Geschäftsführer: Lars Berger
USt-IDNr: DE 876543210
Steuer-Nr.: 1 234 567 890
Bankverbindungen: Volksbank Braunschweig, IBAN DE12 2699 1066 1234 5678 90, BIC GENODEF1WOB; Sparda-Bank Braunschweig, IBAN DE06 2509 0500 9876 5432 10, BIC GENODEF1S09

HINWEIS

Nach der 2. Zahlungserinnerung senden manche Firmen noch ein letztes Erinnerungsschreiben, in dem sie das gerichtliche Mahnverfahren ankündigen oder sie beauftragen einen Rechtsanwalt, der den säumigen Kunden auffordert, den Rechnungsbetrag bis zu einem bestimmten Zeitpunkt zu zahlen. Die damit verbundene Rechtsanwaltsvergütung muss der säumige Kunde ebenfalls zahlen, wenn Zahlungsverzug besteht.

Textbausteine

Bei Mahnschreiben handelt es sich um immer wiederkehrende Bestandteile eines Textes mit gleichem Inhalt. Deshalb verwendet „Office & More" Textbausteine, um Zahlungserinnerungen zu erstellen.

Texthandbuch „Zahlungserinnerung"

Die Textbausteine für die erste, zweite und ggf. letzte Zahlungserinnerung werden ausgewählt und in den Brief eingefügt.

Textbausteine

Text	**Baustein-Nr.**
Zahlungserinnerung	01
Unsere Rechnung Nr. {RECHNUNGSNUMMER} **2. Zahlungserinnerung**	02
Guten Tag {Anrede} {Nachname},	11
Sie haben Ihr Konto noch nicht ausgeglichen: **Kunden-Nr.** {KUNDENNUMMER} **Rechnungs-Nr.** {RECHNUNGSNUMMER} – **Rechnungsdatum** {RECHNUNGSDATUM} – **Betrag in EUR** {BETRAG_1} Bitte zahlen Sie den Betrag bis zum {FÄLLIGKEITSDATUM_01} auf unser Konto bei der {BANKVERBINDUNG}.	20
auf unsere Zahlungserinnerung vom {DATUM} haben Sie nicht reagiert. Ihr Konto ist noch nicht ausgeglichen: **Kunden-Nr.** {KUNDENNUMMER} **Rechnungs-Nr.** {RECHNUNGSNUMMER} – **Rechnungsdatum** {RECHNUNGSDATUM} – **Betrag in EUR** {BETRAG_1} zzgl. Mahngebühren {BETRAG_2} **Gesamtbetrag** **{BETRAG_3}** Wir kennen Sie als zuverlässige{n} Geschäftspartner{in} und können uns nicht erklären, warum Ihre Zahlung diesmal nicht erfolgt ist. Setzen Sie sich bitte mit uns in Verbindung oder überweisen Sie den Betrag bis zum {FÄLLIGKEITSDATUM_2} auf unser Konto bei der {BANKVERBINDUNG}. Bitte beachten Sie, dass wir nach Ablauf der Frist Verzugszinsen berechnen und das gerichtliche Mahnverfahren einleiten.	21
Freundliche Grüße aus Braunschweig **OFFICE & MORE OHG** Abt. Buchhaltung Dieses Schreiben wurde elektronisch erstellt und ist auch ohne Unterschrift gültig!	30

Nachdem Meryem Akzoy die Textbausteine für Zahlungserinnerungen einmal erfasst hat, kann sie diese in der erforderlichen Reihenfolge mit den jeweiligen Rechnungsdaten in eine Briefmaske eingeben.

3.10.2 Gerichtliches Mahnverfahren

„Office & More“ kann seine Rechte im gerichtlichen Mahnverfahren durchsetzen, indem es beim zuständigen Amtsgericht einen Mahnbescheid beantragt und gegebenenfalls eine Klage einreicht.

MERKE

Das gerichtliche Mahnverfahren kann erforderlich werden, wenn ein Kunde trotz mehrfacher Zahlungserinnerung eine Rechnung nicht ausgleicht. Der Antrag auf Erlass eines Mahnbescheides kann direkt im Internet ausgefüllt werden. Einen entsprechenden Online-Antrag finden Sie z. B. unter www.online-mahnantrag.de.

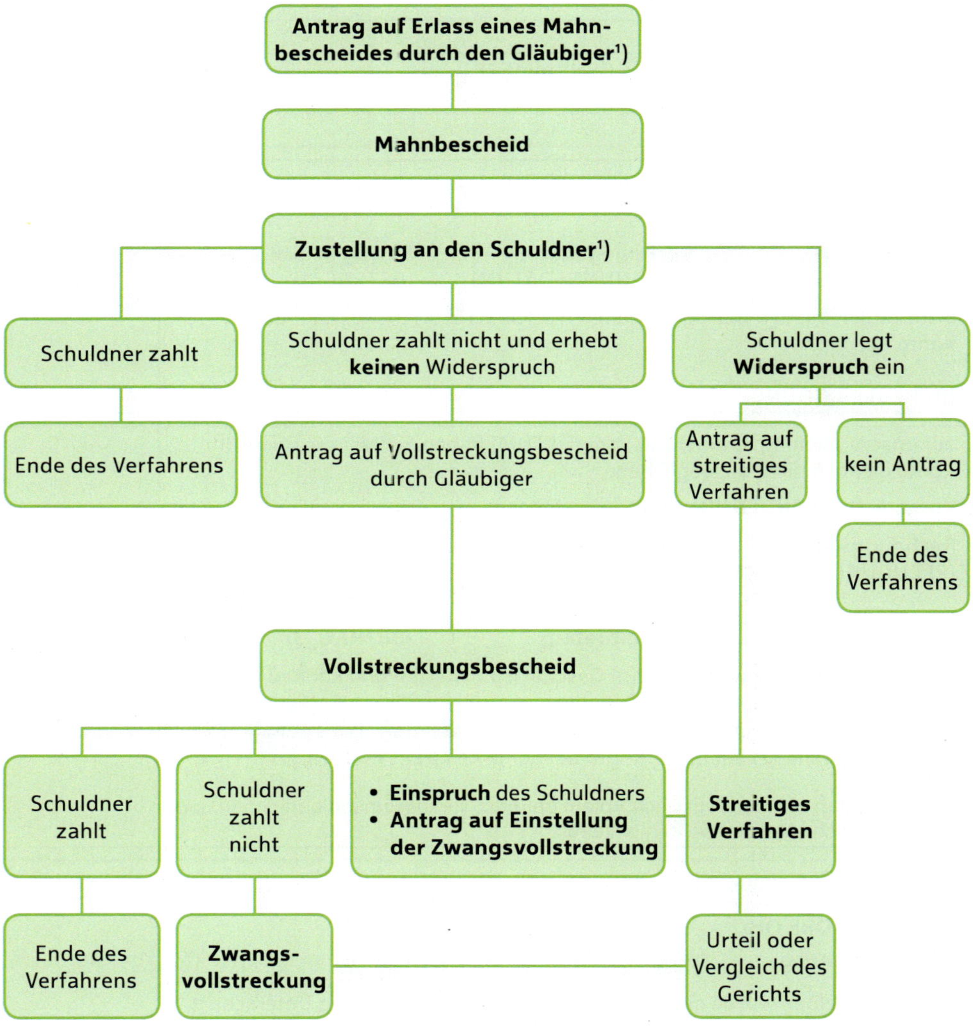

[1]) Im Mahn- und Klageverfahren ist der Gläubiger der Antragsteller und der Schuldner der Antragsgegner.

Aufgaben

3-1 Allgemeine Anfrage

Sie arbeiten bei „Funsport Marburg". Erstellen Sie eine allgemeine Anfrage an den „Fahrradgroßhandel Klaus Koslowski" und lassen Sie sich den aktuellen Katalog und die derzeit gültige Preisliste zusenden.

3-2 Anfrage

Sie arbeiten bei „Funsport Marburg". Erstellen Sie eine Anfrage an den „Fahrradgroßhandel Klaus Koslowski". Bitten Sie um ein Angebot über Fahrradmodelle und Zubehör. Die Artikelbezeichnungen und Stückzahlen können Sie selbst wählen.

3-3 Angebot

Sie arbeiten beim „Fahrradgroßhandel Klaus Koslowski". Erstellen Sie ein bindendes Angebot über Fahrradmodelle und Zubehör Ihrer Wahl an „Funsport Marburg". Weisen Sie auf die AGB und insbesondere auf die Zahlungsbedingungen hin.

3-4 Nachfassbrief

Da „Funsport Marburg" innerhalb einer Woche nicht auf Ihr Angebot reagiert, schreiben Sie einen Nachfassbrief, mit dem Sie das Angebot erneuern.

3-5 Bestellung

Sie arbeiten bei „Funsport Marburg". Bestellen Sie beim „Fahrradgroßhandel Klaus Koslowski" Fahrradmodelle und Zubehör Ihrer Wahl.

3-6 Allgemeine Geschäftsbedingungen

Recherchieren Sie im Internet nach „Allgemeinen Geschäftsbedingungen (AGB)".

3-7 Fixkauf

Sie sind Auszubildende(r) der Web- und Werbagentur „New Look". Bestellen Sie Büromöbel Ihrer Wahl bei „Office & More" als Fixkauf. Formulieren Sie den Brieftext entsprechend.

3-8 Kauf auf Abruf

Für die „Office & More" bestellen Sie bei der Web- und Werbeagentur „New Look" Artikel Ihrer Wahl als Kauf auf Abruf. Formulieren Sie den Brief entsprechend.

Aufgaben

3-9 Kauf auf Probe

Als Mitarbeiter(in) der „Funsport Marburg" bestellen Sie beim „Fahrradgroßhandel Klaus Koslowski" Fahrradzubehör Ihrer Wahl als Kauf auf Probe. Formulieren Sie den Brief.

3-10 Auftragsbestätigung

Sie arbeiten beim „Fahrradgroßhandel Klaus Koslowski". Bestätigen Sie den Auftrag über verschiedene Fahrradmodelle und Zubehör Ihrer Wahl an „Funsport Marburg".

3-11 Auftragsbestätigung

Eine Auftragsbestätigung (Bestellungsannahme) ist nicht zwingend erforderlich. Nennen Sie Situationen, in denen sie trotzdem sinnvoll ist.

3-12 Widerruf einer Bestellung

Schreiben Sie für „Office & More" einen Widerruf an „Funsport Marburg" und nennen Sie einen Grund, warum das Angebot, das Sie der Firma vorher übermittelt haben, erloschen ist.

3-13 Rechnung

Für den „Fahrradgroßhandel Klaus Koslowski" erstellen Sie eine Rechnung über Fahrradmodelle und Zubehör Ihrer Wahl an „Funsport Marburg". Nennen Sie die Zahlungsbedingungen.

3-14 Lieferungsverzug

Sie sind Auszubildende(r) bei „Funsport Marburg". Setzen Sie den „Fahrradgroßhandel Klaus Koslowski" in Lieferungsverzug, da er die bestellten Waren (Fahrradmodelle und Zubehör Ihrer Wahl) bisher nicht geliefert hat. Machen Sie eines Ihrer Rechte als Käufer geltend.

3-15 Annahmeverzug

Sie sind Auszubildende(r) beim „Fahrradgroßhandel Klaus Koslowski". Setzen Sie „Funsport Marburg", die Spezialanfertigungen bestimmter Fahrradmodelle bestellt und nicht abgenommen hat, in Annahmeverzug. Nennen Sie im Brieftext eines der Ihnen zustehenden Rechte, wenn die Firma die Fahrradmodelle nicht abnimmt.

Aufgaben

3-16 Reklamationsmanagement

Sie arbeiten bei „Office & More“. Beantworten Sie die Reklamation eines Kunden (Name und Anschrift können Sie selbst wählen). Der Kunde beanstandete das Office-Kopierpapier „economy“. Sechs Pakete Papier seien nass und nicht verwendbar. Statt der Briefhüllen DL mit Fenster seien Briefhüllen ohne Fenster angekommen. Der Kunde verlangt Umtausch und droht am Ende des Briefes massiv: „Wir wechseln den Lieferanten, wenn Sie die Ware nicht bis ... umtauschen.“ Reagieren Sie professionell und achten Sie auf die Tipps.

3-17 Antwort auf Rücktritt vom Kaufvertrag

Heute tritt ein Kunde vom Kaufvertrag zurück. Er bestellte das Kopiergerät „Copyprint DCL 7200“ und behauptet, es läge ein Fixkauf vor. Er hat bereits bei einem anderen Lieferanten bestellt und will Ihnen die Mehrkosten berechnen.
In der Bestellung und in der Auftragsbestätigung heißt es: „Lieferung innerhalb vier Wochen nach Auftragseingang.“ Die Frist ist zwar vorbei, allerdings liegt kein Fixkauf vor. Teilen Sie das dem Kunden mit. Sie wollen den Kunden behalten, deshalb bestehen Sie nicht auf der Abnahme des Kopierers. Schadenersatzansprüche lehnen Sie aber ab.

3-18 Erste Zahlungserinnerung

Sie sind Mitarbeiter(in) beim „Fahrradgroßhandel Klaus Koslowski“. Ihr Kunde, „Funsport Marburg“, hat die letzte Rechnung innerhalb der vereinbarten Zahlungsfrist von 30 Tagen nicht bezahlt. Formulieren Sie eine Zahlungserinnerung!

3-19 Zweite Zahlungserinnerung

Erstellen Sie eine zweite Zahlungserinnerung, nachdem „Funsport Marburg“ innerhalb der von Ihnen gesetzten Frist die Rechnung noch nicht ausgeglichen hat.

3-20 Außergerichtliches Mahnverfahren

Beschreiben Sie, welche Möglichkeiten der „Fahrradgroßhandel Klaus Koslowski“ hat, nachdem zwei Zahlungserinnerungen im außergerichtlichen Mahnverfahren an „Funsport Marburg“ erfolglos geblieben sind.

Weitere Aufgaben finden Sie in unseren BPW-Materialien unter www.westermanngruppe.de. Geben Sie dort die Bestellnummer dieses Buches ein.

Enjoy a
20%
saving
To the occupier
15,000 hungry
mouths to feed.

4 Werbung

Eingangssituation

Die **„Funsport Marburg GmbH"** vertreibt Fahrräder, Outdoor- und Sportartikel. Firmensitz ist in Marburg an der Lahn.

Mit Werbebriefen und regelmäßigen Newslettern unterstützt das Unternehmen seine Kundenpflege. Dabei legt die Geschäftsleitung großen Wert auf kundenorientierte Korrespondenz, in der auch die Corporate Identity beachtet wird.

Das Unternehmen hat viele Stammkunden und will sie mit einer Sonderaktion ins Geschäft locken. Franz Maier, Leiter der Werbeabteilung, formuliert einen entsprechenden Werbebrief. Er achtet darauf, den Kundennutzen in der Vordergrund zu stellen, und berücksichtigt auch die so genannte Lesekurve, die zeigt, wie der Leser den Brief „scannt". Gezielt setzt er Blickfänger und ein Postskriptum (PS).

Franz Meier ist auch zuständig für die Pflege der Newsletter, die er monatlich an Kunden versendet.

Lernziele

Ein neues oder verbessertes Produkt auf dem Markt einführen, neue potenzielle Käufer gewinnen, die Position des Unternehmens auf dem Markt stärken, sich noch einmal ins Gedächtnis rufen ... – es gibt viele gute Gründe für Werbung. Das gelingt mit entsprechenden Werbestrategien und Werbemitteln wie Radio- und TV-Spots und -slogans, Anzeigen, Flyern, Internetauftritt, aber auch mit Werbebriefen oder dem Newsletter.

Lernziele

- → Sie formulieren Werbebriefe professionell und beachten den Aufbau.
- → Sie berücksichtigen die Lesekurve in Werbebriefen.
- → Sie wenden die AIDA-Formel an.
- → Sie verwenden Hervorhebungen sparsam nur an wichtigen Stellen.
- → Sie beachten die drei Aspekte der Corporate Identity (Corporate Design, Corporate Communication und Corporate Behaviour) in Ihren Werbebriefen.
- → Sie kennen das Marketing-Instrument „Newsletter“ und wissen, welche Faktoren für die Rechtssicherheit wichtig sind.

4.1 Werbebriefe

Kurz und knackig sind Ihre Werbebriefe, ohne langweilige und langatmige Formulierungen. Sie sind auf die Zielgruppe abgestimmt, sprechen die Emotionen des Kunden an, machen neugierig und lösen den Wunsch nach Ihrem Produkt oder Ihrer Dienstleistung aus (siehe Abschnitt 4.1.2 AIDA-Formel). Am Ende des Briefes platzieren Sie mit einer auffälligen PS-Zeile noch eine wichtige Information, z. B. Rabatte, Gutschein einlösen, kostenlos testen ... So erzielen Sie einen höheren Rücklauf als die üblichen 1 bis 2 % bei herkömmlichen Werbebriefen.

Ein Kriterium guter Werbung ist das Corporate Design (siehe Abschnitt 4.1.3). Ihr Unternehmen und Ihre Produkte haben dadurch einen hohen Wiedererkennungswert und heben sich deutlich von den Mitbewerbern ab.

Die Lesekurve. Bevor der Empfänger den Brief liest, bleibt sein Blick zunächst an zentralen Stellen haften:

10 Sekunden, die entscheiden!

- **Ist der Brief für mich?**
- **Von wem kommt er?**
- **Blickfang wahrnehmen**
- **Worum geht es?**
- **Welchen Vorteil/Nutzen habe ich?**
- **Postskriptum mit besonderem Nutzen/Vorteil oder Ähnliches wahrnehmen**
- **Aufforderung: Was soll ich tun?**
- **Welches Unternehmen ist das?**

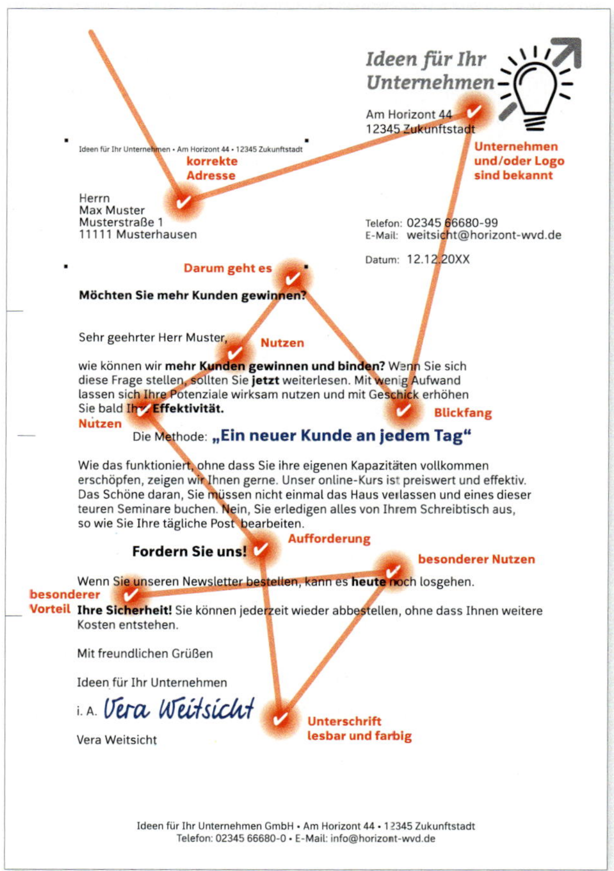

Ideen für Ihr Unternehmen

Am Horizont 44
12345 Zukunftstadt

Ideen für Ihr Unternehmen • Am Horizont 44 • 12345 Zukunftstadt

Herrn
Max Muster
Musterstraße 1
11111 Musterhausen

Telefon: 02345 66680-99
E-Mail: weitsicht@horizont-wvd.de

Datum: 12.12.20XX

Möchten Sie mehr Kunden gewinnen?

Sehr geehrter Herr Muster,

wie können wir **mehr Kunden gewinnen und binden?** Wenn Sie sich diese Frage stellen, sollten Sie **jetzt** weiterlesen. Mit wenig Aufwand lassen sich Ihre Potenziale wirksam nutzen und mit Geschick erhöhen Sie bald Ihre **Effektivität.**

Die Methode: **„Ein neuer Kunde an jedem Tag“**

Wie das funktioniert, ohne dass Sie ihre eigenen Kapazitäten vollkommen erschöpfen, zeigen wir Ihnen gerne. Unser online-Kurs ist preiswert und effektiv. Das Schöne daran, Sie müssen nicht einmal das Haus verlassen und eines dieser teuren Seminare buchen. Nein, Sie erledigen alles von Ihrem Schreibtisch aus, so wie Sie Ihre tägliche Post bearbeiten.

Fordern Sie uns!

Wenn Sie unseren Newsletter bestellen, kann es **heute** noch losgehen.

Ihre Sicherheit! Sie können jederzeit wieder abbestellen, ohne dass Ihnen weitere Kosten entstehen.

Mit freundlichen Grüßen

Ideen für Ihr Unternehmen

i. A. Vera Weitsicht

Vera Weitsicht

Ideen für Ihr Unternehmen GmbH • Am Horizont 44 • 12345 Zukunftstadt
Telefon: 02345 66680-0 • E-Mail: info@horizont-wvd.de

HINWEIS

Bilder und Hervorhebungen lenken die Aufmerksamkeit des Lesers. Darum kann die Lesekurve je nach Darstellung unterschiedlich sein.

4.1.1 Bestandteile eines Werbebriefes

Gute Werbebriefe sind persönlich formuliert und gestaltet. Genau auf die Zielgruppe abgestimmt, laufen sie nicht ins Leere.

- **Anschrift und Anrede**
  Fügen Sie die individuelle Anschrift und den vollen Namen des Empfängers ein, wird der Brief nicht so schnell im Papierkorb landen. Achten Sie darauf, den Empfänger persönlich und korrekt anzureden. Nutzen Sie die Serienbrieffunktion. Wenn Sie keine Ansprechpartner haben, verwenden Sie eine passende allgemeine Anrede, z. B. „Liebe Sportfreunde".

- **Datum**
  Geben Sie in Ihren Werbebriefen ein vollständiges Datum an, das erhöht die Individualität.

- **Betreff und Johnson-Box**
  Eine aussagekräftige Betreffzeile animiert dazu, weiterzulesen. Die so genannte Johnson-Box kann dies verstärken. Sie ist ein eingerahmter kurzer Text, der die Kernaussage des Briefes widerspiegelt. Dieses „Textfeld" platzieren Sie so, dass es beim Öffnen des Werbebriefes sofort ins Auge fällt.

- **Einstieg**
  Machen Sie den Leser neugierig, sprechen Sie seine Bedürfnisse, seine Emotionen an. Ein Beispiel zum Thema Gesundheit: „Wollen Sie nicht auch in einem schadstoffarmen Büro arbeiten?" Oder zur Zeitökonomie: „Können Sie sich vorstellen, nur ein Drittel der Zeit für Ihre Lohnabrechnungen aufzuwenden?". Lernen Sie aus der Verkaufspsychologie. Stellen Sie Fragen, die der Kunde mit „Ja" beantworten kann.

- **Hauptteil**
  Stellen Sie die Vorteile des Produktes oder der Dienstleistung für den Empfänger heraus, alles andere wird ihn nicht interessieren. Er soll zu der Entscheidung kommen: „Das brauche ich!" Entkräften Sie mögliche Einwände im Voraus.

- **Schluss**
  Fordern Sie zum Handeln auf, z. B. „Bestellen Sie noch heute, dann können Sie schon in drei Tagen mit der neuen Kamera perfekte Urlaubsbilder machen."

- **Unterschrift**
  Persönliche Unterschriften unterstützen den individuellen Charakter des Briefes und heben ihn von „Massenware" mit eingescannter, aufgedruckter Unterschrift ab.

- **PS (Postskriptum)**
  An dieser auffälligen Stelle können Sie
  - ein bestimmtes Argument wiederholen.
  - einen „Wirkverstärker" einfügen: „Die ersten 100 Besteller erhalten ...".
  - auf Besonderes hinweisen: „Bis 31. August erhalten Sie ... portofrei."

Aufgaben und Formulierungstipps finden Sie in unseren BPW-Materialien unter www.westermanngruppe.de. Geben Sie dort die Bestellnummer dieses Buches ein.

4.1.2 Gut strukturierte Werbebriefe mit der AIDA-Formel

Hilfreich und gut: die AIDA-Formel.

- **A = attention   Aufmerksamkeit erzeugen**
  Die wichtige Botschaft gehört an den Anfang! Formulieren Sie einen aussagekräftigen

Nutzen Sie die AIDA-Formel auch für Ihre Newsletter.

Betreff und eine spannende Briefeinleitung. Dazu eignen sich z. B. Fragestellungen, die der Kunde mit „Ja“ beantworten kann.

- **I = Interest** **Interesse des Kunden hervorrufen**
  Stellen Sie mögliche Kaufmotive des Kunden in den Vordergrund, bieten Sie Lösungsmöglichkeiten und sprechen Sie Emotionen des Kunden an!
- **D = Desire** **Wunsch nach dem Produkt oder der Dienstleistung wecken**
  Stellen Sie die Vorteile des Produktes für den Kunden heraus, das stärkt den Wunsch „Das will ich haben!“
- **A = Action** **Aktion auslösen**
  Sagen Sie dem Empfänger, was er tun kann. Setzen Sie die Hemmschwelle für die Reaktion herab: Legen Sie eine portofreie Antwortkarte oder ein Antwortfax bei, weisen Sie auf einfache Bestellmöglichkeiten über das Internet hin. Für telefonische Bestellungen geben Sie Namen und Telefonnummer des Ansprechpartners an.

Franz Maier von „Funsport Marburg“ formuliert einen Werbebrief für Nordic-Walking-Stöcke, den die Stammkunden des Unternehmens erhalten. Er setzt gezielt nur wenige Blickfänger/Hervorhebungen ein. Solche Elemente leiten den Blick des Lesers auf das Wesentliche. Er vergisst auch das Postskriptum nicht, meist der erste Satz eines Werbebriefes, der vollständig gelesen wird.

Der ausgefallene Betreff soll die Leser animieren, weiterzulesen. Nicht das Produkt (neuartige Nordic-Walking-Stöcke) stellt er in den Vordergrund, sondern den Nutzen für den Kunden. Ganz „beiläufig“ erfährt der Leser auch den Preis – zwischen den Vorteilen des Produktes platziert – im so genannten „Sandwich-Prinzip“.

Franz Maier formuliert ausschließlich positiv und im Sie-Stil. Er nutzt seine Checkliste und beachtet die Lesekurve.

Denk' dran!

- ✓ Wählen Sie eine ansprechende äußere Form.
- ✓ Formulieren Sie eine aussagekräftige Betreffzeile und ein PS (Postskriptum).
- ✓ Reden Sie den Empfänger persönlich an, wiederholen Sie das im Brief.
- ✓ Sprechen Sie die Bedürfnisse und die Emotionen des Empfängers an.
- ✓ Stellen Sie die Vorteile des Produktes für den Empfänger heraus.
- ✓ Verwenden Sie wenige, aber aussagekräftige Blickfänger.
- ✓ Animieren Sie den Kunden dazu, sich weiter zu informieren, zu bestellen, ...
- ✓ Beachten Sie das Corporate Design.

Beispiel für einen Werbebrief

Funsport Marburg GmbH
FAHRRÄDER, OUTDOOR- UND SPORTARTIKEL

Funsport Marburg GmbH • Postfach 20 20 20 • 35001 Marburg
Frau
Stefanie Zimmermann
Heckenweg 5
35683 Dillenburg

Ihr Zeichen:
Ihre Nachricht vom:
Unser Zeichen: ma
Unsere Nachricht vom:

Name: Franz Maier
Telefondurchwahl: 06421 3450-45
Telefax: 06421 3450-89
E-Mail: f.maier@funsport.marburg-wvd.de

Datum: 18. Mai 20..

Bleiben Sie gesund und schlank 1

Liebe Frau Zimmermann,

kennen Sie die kleinen „Tierchen“ mit Namen Kalorien, die nachts in Ihrem Schrank die Kleider enger nähen? Weisen Sie sie in die Schranken! 1

Einfach etwas mehr Bewegung: **Nordic Walking** macht es möglich. Investieren Sie wöchentlich zweimal 30 Minuten, Sie werden sehen, Ihre kleinen Pölsterchen verschwinden nach und nach, Ihre Fitness steigt, Sie stärken Herz und Kreislauf, Sie bauen Muskeln auf. Gesundheit und Wohlbefinden sind immer gute Argumente – in jedem Alter. 2

Was brauchen Sie auf dem Weg zu Ihrer Traumfigur? Nicht viel: Nordic-Walking-Stöcke und gute Laufschuhe. Die neue Generation der Nordic-Walking-Stöcke ist federleicht, die Griffe sind schweißaufsaugend mit viel Grip. Mit ihnen schweben Sie fast auf Ihrer Laufstrecke. 3

Ab Montag, 25. Mai, können Sie die neuen „Walking 2000“ ausgiebig testen. Der Einführungspreis ist unschlagbar: kostengünstige 34,95 €! 5 Damit nichts schiefgeht, erhalten Sie das passende Modell für Ihre Körpergröße und selbstverständlich einen kostenlosen Einführungskurs! 3

Nichts wie los, wir warten auf Sie! 4

Gesunde Grüße nach Dillenburg 6

Funsport Marburg GmbH

Franz Maier

i. A. Franz Maier

PS: Zusätzliche 20 % Rabatt für Sie auf alles – nur am 25. Mai! 4

Geschäftsräume: Büssingpark 12 35037 Marburg
Geschäftsführer: Reiner Adam
Internet: www.funsport-wvd.de
Sitz der Firma: Marburg (Lahn)
Registergericht: AG Marburg HRB 5678
USt-IDNr.: DE 876543210
Steuer-Nr.: 3 456 789 012
Bankverbindung: Sparkasse Marburg-Biedenkopf IBAN DE79 5335 0000 6789 0123 45 BIC HELADEF1MAR

Werbebrief ohne Langeweile.

Umsetzung der AIDA-Formel

1 *Attention*

2 *Interest*

3 *Desire*

4 *Action*

5 *Der Preis ist im so genannten „Sandwich-Prinzip“ zwischen Vorteilen eingestreut.*

6 *Zum Brief passender Gruß.*

Prima!	Nicht so gut!
+ Bleiben Sie gesund und schlank.	– Unsere neuen Nordic-Walking-Stöcke sind da!
+ Ab Montag, 25. Mai, können Sie die neuen **„Walking 2000"** ausgiebig testen.	– Wenn Sie möchten, können Sie die neuen **„Walking 2000"** ausprobieren.
+ Der Einführungspreis ist unschlagbar: kostengünstige 34,95 €.	– Der Einführungspreis beträgt 34,95 €.
+ Nichts wie los, wir warten auf Sie!	– Wir würden uns auf Ihren Besuch freuen.

4.1.3 Die Bedeutung von Corporate Design (CD)

Das CD schafft eine visuelle Identität. Konsequent angewandt – ob in einer Annonce, einem Flyer, einem Brief – erkennt Ihr Kunde sofort Ihr Unternehmen, Ihr Produkt. Ihr Unternehmensbild ist unverwechselbar. Erreicht wird dies durch das Firmenlogo, gleiche Schriftarten und Größen, Farben, einheitliche Visitenkarten, Berufsbekleidung ... CD ist ein wichtiges Marketinginstrument mit hohem Wiedererkennungswert, z. B. jeder kennt die Logos bekannter Automarken oder die Gestaltung bestimmter Getränkemarken.

Die Gesamterscheinung mit entsprechenden Stilelementen kann suggerieren: Hier handelt es sich um ein modernes, zukunftsweisendes Unternehmen oder aber auch um ein konservatives, bodenständiges.

Durch diese visuelle Identität kann es gelingen, sich aus der Flut von Werbemaßnahmen hervorzuheben.

4.2 Newsletter

Dieses E-Mail-Marketing-Instrument dient zur Kundenbindung und -gewinnung. Wichtige Informationen (Sonderaktionen, Neuerscheinungen ...) können Sie kostengünstig, einfach und schnell an einen großen Kundenkreis versenden. Aber nerven Sie den Empfänger nicht mit häufigen Newslettern voller nebensächlicher Informationen – er wird ihn sonst abbestellen.

Ihr Newsletter soll abonniert und gelesen werden: Informativ, übersichtlich strukturiert und optisch ansprechend gestaltet – so sieht ein professioneller Newsletter aus. Dabei helfen Grafikagenturen, die eine Schablone (Tamplate) anfertigen, die Grundlage für alle weiteren Newsletter ist.

Newsletter erstellen

Personalisieren Sie den Newsletter mit dem Firmennamen und ggf. mit einem persönlichen Namen – so schaffen Sie Vertrauen. Der Empfänger sieht sofort, von wem der Newsletter kommt und er nicht ungelesen gelöscht wird.

Machen Sie den Leser neugierig mit wenigen aussagekräftigen einleitenden Sätzen. Die Inhalte sind auf die Zielgruppe abgestimmt und sollen den Empfänger ansprechen und ihn neugierig machen. Er soll sofort den Nutzen erkennen. Das beginnt bereits in der Betreffzeile (Attention), sonst wird die E-Mail nicht geöffnet. Verwenden Sie keine Großbuchstaben oder mehrere Ausrufezeichen; der Spam-Filter befördert diese Mails sonst ins elektronische „Jenseits".

Reden Sie den Empfänger mit Namen an, so fühlt er sich persönlich angesprochen. Sie können je nach Zielgruppe „Guten Tag oder Liebe/r Herr/Frau (Name)" verwenden. „Hallo" und/oder Vornamen benutzen Sie nur, wenn Sie eine gute Beziehung zum Adressaten haben.

Mit Buttons und hinterlegten Texten können Sie z. B. auf Sonderaktionen aufmerksam machen. Formulieren Sie nicht aggressiv wie z. B. „Rausverkauf" sondern „Gute Qualität zum kleinen Preis". Vergessen Sie nicht, z. B. für Nachfragen einen Ansprechpartner anzugeben. Dazu gehören die Telefonnummer, E-Mail-Adresse oder Adresse des Unternehmens.

Analysieren Sie den Erfolg Ihrer Newsletter. Dazu gehören unter anderem die Reaktionen der Empfänger beispielsweise durch Bestellungen oder Klick- bzw. Öffnungs-, Spam- oder Abmelderaten. Daraus können Sie weitere Marketingstrategien ableiten und die Newsletter anpassen.

Kurz und gut getextet – der monatliche Newsletter von Franz Meier enthält übersichtlich strukturiert wenige, wichtige Informationen, die dann auch gelesen werden. Umfangreichere Inhalte verlinkt er zur Website von „Funsport Marburg".

Denk dran!

- ✓ Versenden Sie Newsletter nur an Empfänger, die ihr Einverständnis gegeben haben. Dies geschieht meist durch einen Bestätigungslink.
- ✓ Mit dem Abmeldelink hat der Empfänger die Möglichkeit, den Newsletter jederzeit abzubestellen.
- ✓ Verwenden Sie einen einfachen HTML-Code, damit die unterschiedlichen E-Mail-Programme keine Probleme mit der Darstellung haben.
- ✓ Newsletter werden auch von mobilen Endgeräten abgerufen, daran sollten Sie bei der Erstellung denken.
- ✓ Banner oder Bilder machen den Newsletter attraktiver.
- ✓ Beachten Sie auf alle Fälle das „Corporate Identity" – besonders das „Corporate Design" des Unternehmens.
- ✓ Wenden Sie die Regeln für einen professionellen Werbebrief, z. B. die AIDA-Formel auch für Ihre Newsletter an.
- ✓ Die Inhalte präsentieren Sie übersichtlich, platzieren Sie Wichtiges zu Beginn.
- ✓ Vergessen Sie das Impressum nicht.

Beispiel für einen Newsletter

Klicken Sie hier, wenn der Newsletter nicht korrekt dargestellt wird.

Funsport Marburg GmbH
FAHRRÄDER, OUTDOOR- UND SPORTARTIKEL

Schauen Sie im SALE vorbei und sparen Sie!

Indoor	Outdoor	Fahrräder	Sportartikel	Sale	Impressum

Sommerfest bei Funsport Marburg

Newsletter Juni 20..

Liebe Frau Meyer,

feiern Sie mit! Am **Sonntag, 14. Juni 20..** sind wir von **13:00 bis 18:00 Uhr** für Sie da. Kommen Sie und sparen Sie: Selbst auf die radikal reduzierten Markenräder, Zelte und Outdoor-Mode erhalten Sie den Sonntagsbonus von 15 %. Sie möchten persönlich beraten werden? Dann verwenden Sie bitte das Kontaktformular.

Ihr Funsport-Marburg-Team freut sich auf Sie.

Sommerfestaktionen für Sie:

Schnupperkurs Golf oder Tennis
Bungeejumping
Preisausschreiben und vieles mehr

für Ihre Kinder:

Fußballwettbewerb
Trampolinspringen

Hier geht es zu den neuen Superschnäppchen:

- Cityräder
- Pedelecs
- Mountainbikes
- Kinderräder
- Zubehör

NEU NEU NEU NEU

Modisch, funktionell, winddicht, ultraleicht, knitterarm
die neue Kollektion von

LARA LAMBER

jetzt bei uns!

Hier können Sie den Newsletter abbestellen.

Vorteile von Newslettern gegenüber herkömmlichen Werbebriefen:

- **Sie können Links zu Informationen, Grafiken, Bildern und Filmen enthalten.**
- **Sie sind schnell und preiswert erstellt, keine Kosten für Druck und Porto usw.**
- **Sie erreichen einen größeren potenziellen Kundenkreis.**
- **Sie erreichen den Empfänger zu Ihrem „Wunschtermin".**

HINWEIS

Immer auf der sicheren Seite: Beachten Sie, dass private und gewerbliche Adressaten eine schriftliche Einwilligung geben müssen. Grundlagen sind das Gesetz gegen unlauteren Wettbewerb (UWG), der Datenschutzgrundverordnung (DS-GVO), das Bundesdatenschutzgesetz (BDSG) und Teledienstgesetze (TDDSG, TDG) sowie das Bürgerliche Gesetzbuch (BGB).

4.2.1 Corporate Communication (CC)

Gerade Ihre Werbebotschaften müssen einfach und einprägsam sein und beim Empfänger ankommen. Kommunizieren Sie also – egal ob in einem Newsletter, einem Werbeschreiben, in einer Produktinformation oder einem Flyer – einprägsam, klar und verständlich. Denken Sie in jedem Fall an die Zielgruppe, die Sie erreichen wollen.

Corporate Communication besteht aus Öffentlichkeitsarbeit (PR) und Unternehmenswerbung und ist eng verknüpft mit dem einheitlichen Erscheinungsbild („Corporate Design") und dem internen und externen Mitarbeiterverhalten („Corporate Behaviour").

Alle Formen der externen und internen Kommunikation – ob mündlich oder schriftlich, ob verbal oder nonverbal – tragen in hohem Maße zur Profilbildung eines Unternehmens bei. So wie Mitarbeiter reden, schreiben und handeln, prägen sie das Image nachhaltig.

4.2.2 Corporate Behaviour (CB)

Für Newsletter als auch für Werbebriefe gilt: Transportieren Sie Ihre Werbebotschaften glaubwürdig, versprechen Sie nur etwas, wenn Sie es auch halten können. Das unterstreicht die Aussage des PR-Experten Prof. Dr. Dieter Herbst: „Nicht an dem, was eine Firma sagt, wird sie gemessen, sondern daran, wie sie handelt."

Wie gehe ich mit den Mitmenschen in meiner Umgebung um? Positive, zielführende Verhaltensweisen intern und extern praktizieren – das ist Corporate Behaviour. Aber auch Führungsstil und Medienverhalten gehören dazu. Wie löst das Unternehmen Konflikte? Wie kommuniziert es in der Öffentlichkeit? Wie geht es auf Reklamationen ein? Wie ist das Preisverhalten? Wie geht es mit Ressourcen um? Hält das Unternehmen seine Versprechen, z. B. Serviceleistungen oder Produktqualität? Richtig praktiziert schafft CB eine Atmosphäre von Offenheit und Vertrauen.

Das Zusammenspiel von Corporate Communication, Corporate Behaviour und Corporate Design macht die unverwechselbare Identität eines Unternehmens – Corporate Identity – aus.

Aufgaben

4-1 Werbebrief erstellen

„Funsport Marburg" nimmt hochwertige Waveboards der Marke „Streets" in das Verkaufsprogramm auf. Vorteile: sehr strapazierfähig, bis 120 kg belastbar, tolle Designs. Der Einführungspreis von 59,00 € gilt zwei Wochen, danach kostet das Waveboard 69,00 €. Das notwendige Zubehör wie Ersatzrollen, Helme, Protektoren sind ebenfalls im Programm.

Formulieren Sie einen aussagekräftigen Werbebrief, beachten Sie die Bestandteile des Werbebriefes und die AIDA-Formel.

4-2 Lesekurve

Zeichnen Sie die Lesekurve in den Werbebrief aus Aufgabe 4-1 ein.

4-3 Hervorhebungen

Ein Mitschüler/eine Mitschülerin soll Ihren Werbebrief beurteilen, ob er an passenden Stellen sinnvolle Hervorhebungen enthält. Berichtigen Sie gegebenenfalls.

4-4 AIDA-Formel

Erläutern Sie den Sinn der AIDA-Formel für Werbebriefe und Newsletter.

4-5 Newsletter

Ermitteln Sie welche Faktoren für die Rechtssicherheit Ihrer Newsletter maßgeblich sind.

4-6 Corporate Design, Corporate Communication, Corporate Behaviour

Erläutern Sie die Begriffe mit Ihren eigenen Worten und stellen Sie die Vorteile für ein Unternehmen – aus Sicht der Werbeabteilung – heraus.

FINANZAMT

5 Behörden und freie Berufe

Eingangssituationen

Melanie Bauer ist Auszubildende als Verwaltungsfachangestellte bei der **„Stadtverwaltung Klingenstadt“**. Sie schreibt Briefe an mehrere Bürgerinnen und an einen Verein.
Eine Neubürgerin erhält einen Willkommensbrief und eine ehrenamtlich tätige Bürgerin ein Informationsschreiben. Außerdem beantwortet Melanie Bauer die Bitte eines Vereins um Unterstützung und erinnert eine Hundehalterin an die Anmeldung ihres steuerpflichtigen Hundes.

Michelle Reinhardt arbeitet bei **„Steinhauer, Krone & Partner“**, einer Rechtsanwalts- und Wirtschaftsprüferkanzlei in Gießen. Sie hat als Auszubildende im dritten Ausbildungsjahr bereits alle Tätigkeiten in einer Rechtsanwaltskanzlei kennen gelernt. Viele Schreiben an Mandanten und Gerichte kann sie bereits selbstständig oder nach Fonodiktat ihres Chefs, Herrn Rechtsanwalt Steinhauer, erstellen.

Die angehende Zahnmedizinische Fachangestellte Fatma Nihal arbeitet im Praxisteam der **„Zahnarztpraxis Dr. Reimund E. Cromme“** in Kassel. Neben den fachspezifischen Tätigkeiten empfängt sie die Patienten, assistiert bei der Behandlung und erledigt die Korrespondenz ihres Chefs.

Lernziele

Nicht nur Firmen korrespondieren brieflich oder elektronisch mit Kunden und Lieferanten. Auch Behörden und Angehörige freier Berufe (Rechtsanwälte und Notare, Ärzte, Zahnärzte, Apotheker, Architekten, Steuerberater ...) tauschen Informationen

- **untereinander**
- **mit ihren Standesorganisationen**
- **mit Bürgern, Mandanten und Patienten**

aus.

Wenn Sie solche Briefe schreiben, müssen Sie einige Besonderheiten beachten. Grundsätzlich gelten auch hier die Bestimmungen der DIN 5008, die aber an die Erfordernisse des jeweiligen Schreibens angepasst werden können.

Sprachlich erfüllen solche Briefe häufig nicht die Standards zeitgemäßer Korrespondenz, sondern enthalten immer noch die antiquierte Behörden- oder Juristensprache. Die folgenden Beispiele zeigen, dass es auch anders geht.

MERKE **Behörden-, Kanzlei- und Praxisbriefe sind Schriftstücke, die an Bürger, Mandanten oder Patienten – meistens mit der normalen Briefpost – verschickt werden.**

Lernziele

→ Sie wissen, wie Briefe bei Verwaltungen und Angehörigen freier Berufe aufgebaut sind.

→ Sie kennen die Gemeinsamkeiten und Unterschiede zu Geschäftsbriefen im kaufmännischen Bereich.

→ Sie schreiben Briefe an Bürger im Auftrag einer Stadtverwaltung.

→ Sie fertigen typische Schreiben einer Rechtsanwaltskanzlei.

→ Sie erledigen die Korrespondenz als Mitarbeiter(in) des Praxisteams eines Zahnarztes.

5.1 Behörden

Behördenbriefe sind grundsätzlich wie Geschäftsbriefe im kaufmännischen Bereich aufgebaut (siehe Kapitel 3). Besonderheiten zeigen die folgenden Schreiben.

Im folgenden Brief an eine Neubürgerin, den Bürgermeister Abel unterschreibt, stellt sich die Stadt bei der neuen Einwohnerin als moderner Dienstleister vor.

Beispiel für einen Behördenbrief

Klingenstadt

Stadt Klingenstadt · Rathaus · Marktplatz 1 · 34567 Klingenstadt
Frau
Elena Haber
Bahnhofstraße 23 a
34567 Klingenstadt

Ihr Zeichen:	1
Ihre Nachricht vom:	
Geschäftszeichen:	I A 140 – 113/..
Bei Antwort und Rückfragen bitte stets angeben!	
Bearbeiter(in):	Melanie Bauer
Telefon:	06450 5432-15
Telefax:	06450 5432-11
E-Mail:	m.bauer@stadt-klingenstadt-wvd.de
Datum:	12. April 20..

Herzlich willkommen in Klingenstadt!

Sehr geehrte Frau Haber,

Sie sind Neubürgerin – herzlich willkommen in Klingenstadt!

Vom typischen Dorfleben bis hin zur zentralen Stadtlage – unsere Stadt ist so vielfältig wie die Menschen, die hier leben. Familienfreundlichkeit schreiben wir groß. Natur, viele Freizeitangebote, moderne Sporteinrichtungen und gute Einkaufsmöglichkeiten bieten in Klingenstadt für Jung und Alt, Singles und Familien ein breites Spektrum für das tägliche Leben.

Haben Sie Fragen und Anregungen? Meine Mitarbeiterinnen und Mitarbeiter sind für Sie da. Sie finden unsere Servicezeiten im Brieffuß. Viele weitere Informationen haben wir für Sie auf unserer Internetseite www.stadt-klingenstadt-wvd.de bereitgestellt.

Die „Regionale Bonuskarte 20..“ ist Ihr Willkommensgeschenk. Damit können Sie viele Angebote unserer städtischen Einrichtungen kostengünstig nutzen.

Freundliche Grüße

Abel

Bürgermeister

1 Behörden arbeiten mit Geschäfts- oder Aktenzeichen. Führen Sie diese und den Namen des Sachbearbeiters im Informationsblock auf.

Melanie Bauer erstellt für die Leiterin der Stadtbibliothek, Jasmin Zimmermann, das folgende Dankesschreiben an eine ehrenamtlich tätige Bürgerin.

Beispiel für einen Behördenbrief

Klingenstadt

Ihr Zeichen:
Ihre Nachricht vom:
Geschäftszeichen: II B 90 – 98/..
Bei Antwort und Rückfragen bitte stets angeben!

Stadt Klingenstadt · Rathaus · Marktplatz 1 · 34567 Klingenstadt

Frau
Monika Rittmüller
Rosenplatz 24
34567 Klingenstadt

Bearbeiter(in): Jasmin Zimmermann
Telefon: 06450 5432-16
Telefax: 06450 5432-11
E-Mail: j.zimmermann@stadt-klingenstadt-wvd.de

Datum: 13. April 20..

Vorlesestunde

Sehr geehrte Frau Rittmüller,

herzlichen Dank für Ihre Bereitschaft, ehrenamtlich eine Vorlesestunde für Kinder im Alter zwischen vier und sechs Jahren mit dem Titel „Monikas Märchenstunde" durchzuführen.

Die Vorlesestunde findet

jeden zweiten Mittwoch im Monat
zwischen 16:00 und 18:00 Uhr
erstmals am 3. Mai

in unserer Stadtbibliothek statt. In unserem Veranstaltungskalender wird die Vorlesestunde unter dem oben genannten Titel aufgeführt.

Nach § 5 Abs. 3 unserer Bibliothekssatzung erhalten Sie als Aufwandsentschädigung 10,00 EUR pro Stunde. Ein höherer Betrag ist leider nicht möglich. Deshalb danke ich Ihnen sehr für Ihr Engagement.

Freundliche Grüße

Jasmin Zimmermann

i. A. Jasmin Zimmermann
Leiterin der Stadtbibliothek

Postanschrift:
Rathaus
Marktplatz 1
34567 Klingenstadt

Servicezeiten:
Montag – Freitag
von 9 bis 17 Uhr

Internet:
www.stadt-klingenstadt-wvd.de

Bankverbindungen:
Postbank Frankfurt
IBAN DE85 5001 0060
9876 5432 10
BIC PBNKDEFFXXX

Sparkasse Klingenstadt
IBAN DE34 5345 3434
1234 5678 90
BIC HELADEFOKST

Melanie Bauer beantwortet den Brief eines Vereins. Bürgermeister Abel unterschreibt diesen Brief.

Beispiel für einen Behördenbrief

Klingenstadt

Ihr Zeichen:	la
Ihre Nachricht vom:	02.04.20..
Geschäftszeichen:	A 160 – 85/..

Bei Antwort und Rückfragen bitte stets angeben!

Bearbeiter(in):	Melanie Bauer
Telefon:	06450 5432-15
Telefax:	06450 5432-11
E-Mail:	m.bauer@stadt-klingenstadt-wvd.de
Datum:	14. April 20..

Stadt Klingenstadt · Rathaus · Marktplatz 1 · 34567 Klingenstadt

VfB Klingenstadt 1926 e. V.
Frau Iris Landwehr
Mozartstraße 7
34567 Klingenstadt

Ihre Jubiläumsveranstaltung

Sehr geehrte Frau Landwehr,

in Ihrem Brief vom 2. April 20.. bitten Sie uns um Unterstützung bei Ihrer Jubiläumsveranstaltung.

Gern sind wir bereit, die städtischen Vereine im Rahmen unserer Möglichkeiten zu unterstützen. Für Ihre Jubiläumsfeier können Sie das Bürgerhaus in Ihrem Stadtteil kostenfrei nutzen. Bitte haben Sie Verständnis dafür, dass wir wegen der angespannten Haushaltslage unserer Stadt darüber hinaus keinen finanziellen Beitrag leisten können.

Wir wünschen Ihnen eine erfolgreiche Veranstaltung.

Freundliche Grüße

Abel

Bürgermeister

Postanschrift:
Rathaus
Marktplatz 1
34567 Klingenstadt

Servicezeiten:
Montag – Freitag
von 9 bis 17 Uhr

Internet:
www.stadt-klingenstadt-wvd.de

Bankverbindungen:
Postbank Frankfurt
IBAN DE85 5001 0060
9876 5432 10
BIC PBNKDEFFXXX

Sparkasse Klingenstadt
IBAN DE34 5345 3434
1234 5678 90
BIC HELADEFOKST

Melanie Bauer schreibt im Auftrag ihrer Kollegin Nicola Damm, die in der Steuerabteilung der Stadtverwaltung Klingenstadt arbeitet, an eine Hundehalterin. Tim Michaelis unterschreibt und beglaubigt den Brief.

Beispiel für einen Behördenbrief

Klingenstadt

Ihr Zeichen:
Ihre Nachricht vom:
Geschäftszeichen: IA 80 – 123/..
Bei Antwort und Rückfragen bitte stets angeben!

Stadt Klingenstadt · Rathaus · Marktplatz 1 · 34567 Klingenstadt
Frau
Sarah Müller
Beethovenweg 10
34567 Klingenstadt

Bearbeiterin: Nicola Damm
Telefon: 06450 5432-17
Telefax: 06450 5432-11
E-Mail: n.damm@stadt-klingenstadt-wvd.de

Datum: 15. April 20..

Anmeldung steuerpflichtiger Hunde

Sehr geehrte Frau Müller,

Sie besitzen zwei Hunde, von denen nur ein Tier bei unserem Steueramt angemeldet ist.

Nach § 12 der städtischen „Satzung über die Erhebung einer Hundesteuer" müssen Hundehalter ihre Tiere innerhalb von 14 Tagen anmelden. Wird ein Hund in einen Haushalt oder Wirtschaftsbetrieb aufgenommen, beginnt die Steuerpflicht am 1. des darauffolgenden Monats.

Wenn Sie gegen die Meldepflicht verstoßen, gilt das nach § 6 a des „Gesetzes über kommunale Abgaben (KAG)" als Ordnungswidrigkeit und kann mit einer Geldbuße geahndet werden.

Bitte melden Sie Ihren Zweithund bis zum 22. April 20.. im Rathaus, Marktplatz 1, Zimmer 7, an.

Freundliche Grüße

im Auftrag
Nicola Damm **1**

Beglaubigt

T. Michaelis

beglaubigt Stadt Klingenstadt **2**

Tim Michaelis
Verwaltungsfachangestellter

1 Behörden verwenden meist die ausgeschriebene Form anstatt die Abkürzung „i. A.".

2 Behördenbescheide werden oft mit einem Beglaubigungsvermerk versehen.

Prima!	Nicht so gut!
+ Sie sind Neubürgerin – herzlich willkommen in ...!	– Ich darf Sie als Neubürgerin unserer schönen Stadt ... herzlich willkommen heißen.
+ Haben Sie Fragen und Anregungen? Meine Mitarbeiterinnen und Mitarbeiter sind für Sie da. Sie finden unsere Servicezeiten im Brieffuß.	– Für Fragen stehen Ihnen die Mitarbeiterinnen und Mitarbeiter der Stadtverwaltung zu den unten angegebenen Servicezeiten zur Verfügung.
+ Die „Regionale Bonuskarte 20..“ ist Ihr Willkommensgeschenk. Damit können Sie viele Angebote unserer städtischen Einrichtungen kostengünstig nutzen.	– Als kleines Willkommensgeschenk überreiche ich Ihnen unsere „Regionale Bonuskarte 20..“ mit vielen preisreduzierten Angeboten zur Nutzung städtischer Einrichtungen.
+ Bitte haben Sie Verständnis dafür, dass wir wegen der angespannten Haushaltslage unserer Stadt darüber hinaus keinen finanziellen Beitrag leisten können.	– Bitte haben Sie jedoch Verständnis dafür, dass wir aufgrund der sehr angespannten Haushaltslage unserer Stadt keine zusätzliche finanzielle Unterstützung leisten können.

5.2 Freie Berufe

5.2.1 Rechtsanwälte und Notare

Auch Kanzleibriefe sind wie Geschäftsbriefe im kaufmännischen Bereich aufgebaut. Besonderheiten zeigen die folgenden Beispiele.

Die Eheleute Carla und Manfred Schneider wenden sich an Rechtsanwalt Steinhauer, weil ihr Mieter Jens Moser mehrfach die Nachtruhe gestört hat. Der Anwalt verfasst ein „anwaltliches Aufforderungsschreiben ohne Klageauftrag“. Dies ist ein von einem Rechtsanwalt verfasstes Mahnschreiben.

Beispiel für ein anwaltliches Aufforderungsschreiben ohne Klageauftrag

STEINHAUER
KRONE
& PARTNER
Rechtsanwälte & Wirtschaftsprüfer PartnG

Steinhauer, Krone & Partner · Bahnhofstraße 90 · 35390 Gießen
Herrn
Jens Moser
Pappelweg 3
34398 Gießen

Ihr Zeichen:
Ihre Nachricht vom:
Aktenzeichen: Schneider ./. Moser [1]
Bei Antwort und Rückfragen bitte stets angeben!

Bearbeiter(in): RA Steinhauer
Telefon: 0641 99887-0
Telefax: 0641 99887-12
E-Mail: info@steinhauer-krone-wvd.de
Internet: www.steinhauer-krone-wvd.de

Datum: 20.04.20..

Störung der Nachtruhe

Sehr geehrter Herr Moser,

Ihre Vermieter, die Eheleute Carla und Manfred Schneider, haben uns beauftragt, ihre Interessen wahrzunehmen. Eine entsprechende Vollmacht liegt vor. Der Sachverhalt stellt sich so dar:

Die Mitbewohner des Hauses haben sich mehrfach bei unseren Mandanten darüber beschwert, dass sie nachts nicht schlafen konnten, weil lauter Partylärm jeweils an Werktagen bis ca. 02:00 Uhr morgens aus Ihrer Wohnung drang. Das ist in den letzten sechs Wochen dreimal vorgekommen. Die genauen Wochentage haben unsere Mandanten dokumentiert, sie wurden von Ihren Mitmietern bestätigt.

Nach der Hausordnung, die Ihnen bekannt ist, sollen alle Mieter nach 22:00 Uhr – insbesondere an Werktagen – jeden ruhestörenden Lärm vermeiden.

Im Namen unserer Mandanten bitten wir Sie noch einmal eindringlich, die Hausordnung einzuhalten. Sollten die Störungen andauern, werden Ihre Vermieter das mit Ihnen bestehende Mietverhältnis fristlos kündigen.

Freundliche Grüße

STEINHAUER, KRONE & PARTNER
Rechtsanwälte & Wirtschaftsprüfer PartnG

Steinhauer

Rechtsanwalt

Kanzlei:	**Sitz der Gesellschaft:**	**Geschäftsführer:**	**USt-IDNr.:**	**Bankverbindungen:**	
Bahnhofstraße 90	Gießen	RA Michael Steinhauer	DE 765432109	Postbank Frankfurt	Sparkasse Gießen
35390 Gießen	**Amtsgericht Gießen:**	WPin Annette Krone	**Steuer-Nr.:**	IBAN DE80 5001 0060	IBAN DE 68 5135 0025
Bürozeiten:	PR 90		2 345 678 901	1234 5678 90	2345 6789 01
Montag bis Freitag von 09:00 bis 17:00 Uhr				BIC PBNKDEFFXXX	BIC SKGIDE5FXXX

[1] In Kanzleibriefen sind – wie bei Behördenbriefen – häufig interne Aktenzeichen (hier Schneider ./. [gegen] Moser) oder Aktenzeichen von Gerichten aufgeführt.

„Funsport Marburg“ hat eine Rechnung des „Fahrradgroßhandel Klaus Koslowski“ auch nach zwei Zahlungsaufforderungen noch nicht beglichen. Die Firma Koslowski schaltet einen Rechtsanwalt ein. Er verfasst ein „anwaltliches Aufforderungsschreiben mit Klageauftrag“. Bei diesem Mahnschreiben hat der Rechtsanwalt den Auftrag der Firma, ohne nochmalige Rücksprache bei Zahlungsverzug eine Klage beim zuständigen Gericht einzureichen.

Beispiel für ein anwaltliches Aufforderungsschreiben mit Klageauftrag

STEINHAUER
KRONE
& PARTNER
Rechtsanwälte & Wirtschaftsprüfer PartnG

Steinhauer, Krone & Partner · Bahnhofstraße 90 · 35390 Gießen
Funsport Marburg GmbH
Büssingpark 12
35037 Marburg

Ihr Zeichen:	
Ihre Nachricht vom:	
Aktenzeichen:	Koslowski ./. Funsport
Bei Antwort und Rückfragen bitte stets angeben!	
Bearbeiter(in):	RA Steinhauer
Telefon:	0641 99887-0
Telefax:	0641 99887-12
E-Mail:	info@steinhauer-krone-wvd.de
Internet:	www.steinhauer-krone-wvd.de
Datum:	21.05.20..

Forderung des Fahrradgroßhandels Klaus Koslowski GmbH, Marburg

Sehr geehrte Damen und Herren,

der Fahrradgroßhandel Klaus Koslowski GmbH in Marburg hat uns beauftragt, die folgende Forderung einzuziehen, die unserer Mandantin zusteht. Es handelt sich um den Rechnungsbetrag in Höhe von 3.000,00 EUR vom 8. April 20... Grund der Forderung ist eine Warenlieferung vom 6. April 20...

Wir fordern Sie auf, die Rechnung umgehend, jedoch spätestens bis zum 31. Mai 20.., auszugleichen. Bitte überweisen Sie auf eines unserer u. a. Konten:

Rechnungsbetrag	3.000,00 EUR
Kosten durch Ihren Zahlungsverzug (siehe Kostenrechnung)	171,20 EUR
Gesamtsumme	**3.171,20 EUR**

zzgl. 5 % Zinsen über dem Basiszinssatz seit 9. April 20..

1 Seite 1 von 2

1 *Bei mehrseitigen Schriftstücken erfolgt eine Seitennummerierung nach den Bestimmungen der DIN 5008.*

Fortsetzung des anwaltlichen Aufforderungsschreibens mit Klageauftrag

STEINHAUER
KRONE
& PARTNER
Rechtsanwälte & Wirtschaftsprüfer PartnG

Kostenrechnung – Gegenstandswert: 3.000,00 EUR

0,8 Verfahrensgebühr, vorzeitige Beendigung des Auftrags gem. §§ 2, 13 RVG i. V. m. Nr. 3101 Nr. 1, 3100 VV RVG [1]	151,20 EUR
Pauschale für Entgelte für Post- und Telekommunikationsdienstleistungen Nr. 7002 VV RVG	20,00 EUR
Gesamtsumme	**171,20 EUR**

Wenn Sie den o. g. Termin verstreichen lassen, werden wir auftragsgemäß Klage einreichen.

Freundliche Grüße

STEINHAUER, KRONE & PARTNER
Rechtsanwälte & Wirtschaftsprüfer PartnG

Steinhauer

Rechtsanwalt

Seite 2 von 2

Kanzlei:
Bahnhofstraße 90
35390 Gießen
Bürozeiten:
Montag bis Freitag von 09:00 bis 17:00 Uhr

Sitz der Gesellschaft:
Gießen
Amtsgericht Gießen:
PR 90

Geschäftsführer:
RA Michael Steinhauer
WPin Annette Krone

USt-IDNr.:
DE 765432109
Steuer-Nr.:
2 345 678 901

Bankverbindungen:
Postbank Frankfurt
ISBN DE80 5001 0060
1234 5678 90
BIC PBNKDEFFXXX

Sparkasse Gießen
ISBN DE68 5135 0025
2345 6789 01
BIC SKGIDE5FXXX

[1] Die Gebührenberechnung erfolgt bei Rechtsanwälten nach dem „Rechtsanwaltsvergütungsgesetz" (RVG), bei Notaren nach dem „Gerichts- und Notarkostengesetz" (GNotKG).

Felix Schneider beauftragt die Kanzlei „Steinhauer, Krone & Partner“, wegen der Unterhaltszahlungen an seine von ihm getrennt lebende Ehefrau tätig zu werden.

Beispiel für eine Klageschrift

STEINHAUER
KRONE
& PARTNER
Rechtsanwälte & Wirtschaftsprüfer PartnG

Steinhauer, Krone & Partner · Bahnhofstraße 90 · 35390 Gießen
Amtsgericht Gießen
Frankfurter Str. 1 – 3
35390 Gießen

Ihr Zeichen:
Ihre Nachricht vom:
Aktenzeichen: Schneider ./. Schneider
Bei Antwort und Rückfragen bitte stets angeben!

Bearbeiter(in): RA Steinhauer
Telefon: 0641 99887-0
Telefax: 0641 99887-12
E-Mail: info@steinhauer-krone-wvd.de
Internet: www.steinhauer-krone-wvd.de

Datum: 22.04.20..

Klage 1

des Studenten Felix Schneider, Wilhelmstraße 33, 35392 Gießen,

– Kläger –

Prozessbevollmächtigte: RAe Steinhauer, Krone & Partner, Gießen

2

gegen

die Hausfrau Christine Schneider, Bahnhofstraße 12 a, 35390 Gießen,

– Beklagte –

wegen Trennungsunterhalt

Streitwert: 3.000,00 EUR

Im Namen und im Auftrag des Klägers erhebe ich Klage und beantrage:

Der am 12. November 20.. geschlossene Vergleich der Parteien wegen Zahlung von Trennungsunterhalt wird dahingehend abgeändert, dass an die Beklagte vom 1. Juni 20.. an nur noch eine monatliche Unterhaltszahlung von 250,00 EUR zu zahlen ist.
Die Kosten des Verfahrens werden der Beklagten auferlegt.

Damit der Kläger das Verfahren durchführen kann, beantrage ich außerdem, ihm Prozesskostenhilfe zu gewähren.

Seite 1 von 2

1 Bei Klageschriften und Anträgen entfallen sowohl Anrede und Grußformel.
2 In einem „Rubrum“ werden Kläger, Beklagte sowie deren Prozessbevollmächtigte aufgeführt.

Fortsetzung der Klageschrift

STEINHAUER
KRONE
& PARTNER
Rechtsanwälte & Wirtschaftsprüfer PartnG

Begründung:

Die Parteien sind verheiratet, leben aber seit einem Jahr getrennt. Der Kläger hat beim zuständigen Familiengericht eine Klage auf Ehescheidung eingereicht.

Der Kläger hatte sich in dem Vergleich verpflichtet, an die Beklagte einen monatlichen Trennungsunterhalt in Höhe von 500,00 EUR zu zahlen. Zu diesem Zeitpunkt war der Kläger berufstätig, sein Nettogehalt lag bei ca. 1.600,00 EUR.

Die Einkommensverhältnisse des Klägers haben sich seit dem 1. April 20.. geändert, da er ein Lehramtsstudium an der Justus-Liebig-Universität in Gießen aufgenommen hat und nur noch eingeschränkt berufstätig sein kann.

Der Kläger bezieht BAföG und arbeitet stundenweise als Servicekraft im Bistro „Pinnwand" in Gießen.

Beweis:

Immatrikulationsbescheinigung
Mitteilung über Leistungen aus dem BAföG
Bescheinigung des Bistros „Pinnwand"

Steinhauer

Rechtsanwalt

Anlagen
Immatrikulationsbescheinigung
Mitteilung über Leistungen aus dem BAföG
Bescheinigung des Bistros „Pinnwand"
Vergleichsausfertigung

Seite 2 von 2

Kanzlei:
Bahnhofstraße 90
35390 Gießen
Bürozeiten:
Montag bis Freitag von 09:00 bis 17:00 Uhr

Sitz der Gesellschaft:
Gießen
Amtsgericht Gießen:
PR 90

Geschäftsführer:
RA Michael Steinhauer
WPin Annette Krone

USt-IDNr.:
DE 765432109
Steuer-Nr.:
2 345 678 901

Bankverbindungen:
Postbank Frankfurt
ISBN DE80 5001 0060
1234 5678 90
BIC PBNKDEFFXXX

Sparkasse Gießen
ISBN DE68 5135 0025
2345 6789 01
BIC SKGIDE5FXXX

5.2.2 Ärzte und Zahnärzte

Auch Praxisbriefe sind wie kaufmännische Geschäftsbriefe aufgebaut. Typische Details zeigen die Beispiele auf dieser und den Folgeseiten.

Fatma Nihal schreibt wegen unverlangt eingetroffener und berechneter Bücher an einen Fachverlag.

Beispiel für einen Praxisbrief

ZAHNARZT
DR. MED. DENT. REIMUND E. CROMME

Dr. Reimund E. Cromme · Garde-du-Corps-Str. 12 a · 34117 Kassel
Fachverlag
Medizin und Gesundheit
Postfach 20 30 40
60450 Frankfurt

Ihr Zeichen, Ihre Nachricht vom	Mein Zeichen, meine Nachricht vom	Name	Datum
RE 1257 12.10.20..	cr-fn	Fatma Nihal	15. Oktober 20.. [1]

Ihre Bücherlieferung

Sehr geehrte Damen und Herren,

heute erhielten wir ein Paket mit einer Rechnung und folgenden Büchern Ihres Verlages:

„Prophylaxe heute" und „Der anspruchsvolle Patient"

Herr Dr. Cromme hat die Ware nicht bestellt und auch kein Interesse daran, sie zu kaufen. Deshalb bewahren wir die Bücher originalverpackt in unserer Praxis auf.

Da kein Kaufvertrag zustande gekommen ist, sind wir auch nicht verpflichtet, den Rechnungsbetrag auszugleichen. Teilen Sie uns bitte mit, ob Sie die beiden Bücher während unserer Praxiszeiten abholen lassen oder wir sie unfrei an Sie zurücksenden sollen.

Freundliche Grüße

Fatma Nihal

i. A. Fatma Nihal
Auszubildende

[1] *Anstatt eines Informationsblocks verwendet Dr. Cromme für seine Praxisbriefe eine Bezugszeichenzeile.*

Fatma Nihal meldet sich per E-Mail zu einer Fortbildungsveranstaltung an.

Beispiel für eine Anmeldung per E-Mail

Von: info@officeandmore-wvd.de
An...: fortbildung@zahnmedizin-hessen-wvd.de
Cc...:
Betreff: Anfrage

Sehr geehrte Damen und Herren,

zu Ihrer Fortbildungsveranstaltung

„Zahnprophylaxe heute“

am 3. Dezember 20..
in Ihrem Fortbildungszentrum in Frankfurt

melde ich mich an. Bitte bestätigen Sie kurz die Anmeldung.

Vielen Dank und freundliche Grüße

Fatma Nihal
Auszubildende

ZAHNARZT
DR. MED. DENT. REIMUND E. CROMME

Garde-du-Corps-Straße 12 a
34117 Kassel

Telefon: 0561 765432
Telefax: 0561 765433
E-Mail: info@za-cromme-wvd.de
Internet: www.za-cromme-wvd.de

Fatma Nihal schreibt einen Brief nach Fonodiktat ihres Chefs an eine Berufsgenossenschaft.

Beispiel für einen Praxisbrief

ZAHNARZT
DR. MED. DENT. REIMUND E. CROMME

Dr. Reimund E. Cromme · Garde-du-Corps-Str. 12 a · 34117 Kassel
Berufsgenossenschaft
Nahrungsmittel und Gaststätten
Postfach 30 40 50
22991 Hamburg

Ihr Zeichen, Ihre Nachricht vom	Mein Zeichen, meine Nachricht vom	Name	Datum
	cr-fn	Dr. Cromme	16. Oktober 20..

Zahnersatz für Laurin Damm, * 30. April 1981

Sehr geehrte Damen und Herren,

der o. g. Patient befindet sich seit Dezember 20.. bei mir in zahnärztlicher Behandlung.

Herr Damm ist von Beruf Bäcker und hat multiple kariöse Läsionen der Oberkiefer-frontzähne, die auf eine sog. „Bäckerkaries“ zurückzuführen sind und nicht mehr mit konventionellen Kunststofffüllungen versorgt werden können.

Die Zähne 13 – 23 sollten durch vollverblendete Zirkonkronen ersetzt werden.

Die voraussichtlichen Kosten für die sechs Frontzahnkronen betragen inkl. Leistungen des Zahnlabors ca. 2.700,00 EUR.

Ein Heil- und Kostenplan ist beigefügt.

Freundliche Grüße

Dr. Reimund E. Cromme

Zahnarzt

Anlage

Aufgaben

5-1 Briefe in Verwaltungen und freien Berufen

Beschreiben Sie den Aufbau von Behörden-, Kanzlei- und Praxisbriefen. Stellen Sie in einer Liste zusammen, welche Gemeinsamkeiten und Unterschiede es gegenüber kaufmännischen Geschäftsbriefen gibt.

5-2 Schreiben einer Behörde wegen eines EU-Führerscheins

Schreiben Sie als Mitarbeiter(in) der „Stadtverwaltung Klingenstadt" einen Brief an eine(n) Bürger(in) – wählen Sie Namen und Anschrift selbst. Teilen Sie mit, dass der beantragte EU-Führerschein im Bürgerbüro der Stadtverwaltung Klingenstadt abgeholt werden kann.

5-3 Schreiben einer Behörde wegen eines Kindergartenplatzes

Schreiben Sie als Auszubildende der „Stadtverwaltung Klingenstadt" an ein Ehepaar – Namen und Anschrift wählen Sie selbst. Das gemeinsame Kind wird zum 1. August 20.. in den städtischen Kindergarten „Villa Kunterbunt" aufgenommen. Fügen Sie als Anlagen bei: 1 Kindergartensatzung, 1 Gebührensatzung, 1 Elternbeiratssatzung, Informationen für Eltern gemäß Infektionsschutzgesetz.

5-4 Schreiben eines Rechtsanwalts wegen eines Termins in einer Familiensache

Schreiben Sie als Mitarbeiter(in) der Kanzlei „Steinhauer, Krone & Partner" an einen Mandanten/eine Mandantin – wählen Sie Namen und Anschrift selbst. Informieren Sie darüber, dass das Amtsgericht in Gießen – Familiengericht – den Termin in der Familiensache auf einen anderen Tag (wählen Sie den Termin selbst) verlegt hat.

5-5 Schreiben eines Zahnarztes wegen einer Bestellung

Schreiben Sie als Auszubildende der „Zahnarztpraxis Dr. Reimund E. Cromme" eine E-Mail oder einen Brief an „Office & More". Bitten Sie um ein Angebot über Möbel für den Empfangsbereich und das Wartezimmer der Praxis (wählen Sie die Artikel und die Anzahl selbst).

Weitere Aufgaben finden Sie in unseren BPW-Materialien unter www.westermanngruppe.de. Geben Sie dort die Bestellnummer dieses Buches ein.

Mo
Di
Mi
Schulung

6 Termine

Eingangssituationen

Terminvereinbarungen mit Kunden gehören zur täglichen Korrespondenz der **Web- und Werbeagentur „New Look“**.

Die Inhaberin Janine Sellbacher besucht wichtige Geschäftspartner selbst. Ihre Assistentin Lea Münch bereitet diese Geschäftsreisen vor, sie kündigt den Besuch an und bucht für die Übernachtung ein Hotelzimmer.

Außerdem schreibt Lea Münch Einladungen, z. B. an Stammkunden, den Messestand zu besuchen, und an einen Referenten, der auf der Messe einen Fachvortrag halten soll.

„Metakom Seminare“ bieten ihre Veranstaltungen im eigenen Haus, in Hotels in Kundennähe oder als sogenannte Inhouse-Seminare an.

Als Mitarbeiterin der Organisationsabteilung bereitet Sabine Gabel die Seminare vor. Sie schreibt Einladungen und Teilnahmebestätigungen.

Lernziele

Was passiert, wenn Sie einen Termin vergessen haben? Die Folgen können sein: Sie warten vergeblich auf Kunden oder Sie selbst nehmen einen Termin bei einem Geschäftspartner nicht wahr. Noch unangenehmer ist es, wenn ein Besucher kommt und Sie keine Zeit für ihn haben. In jedem Falle schaden solche „Terminstörungen" dem Image des Unternehmens.

Schriftlich vereinbart und bestätigt – so sind Termine für alle Beteiligten eindeutig. Vergessene Termine, Terminüberschneidungen oder -häufungen gehören dann der Vergangenheit an.

Lernziele

- Sie vereinbaren Termine schriftlich.
- Sie schreiben Terminzusagen und -absagen.
- Sie laden Teilnehmer zu Veranstaltungen ein.
- Sie erstellen Antwortfaxe als Formular.
- Sie laden zum Besuch einer Messe ein.
- Sie kündigen Besuche an.
- Sie formulieren situationsgerechte Briefe im Zusammenhang mit Geschäftsreisen.
- Sie gewinnen einen Referenten für einen Vortrag.

6.1 Korrespondenz rund um Termine

In jedem Unternehmen fällt situationsspezifische Korrespondenz an. Auch hier kommt es darauf an, die passenden empfängerorientierten Formulierungen zu finden. Termine für Besprechungen, Reisen, Besuche, Veranstaltungen usw. werden oft telefonisch abgesprochen. Bestätigen Sie diese Absprachen durch einen Brief oder eine E-Mail. So vermeiden Sie Missverständnisse.

6.1.1 Terminvereinbarungen

Die Web- und Werbeagentur „New Look“ hat im Vorjahr den Messeauftritt der „Office & More“ betreut und will den Kunden auch in diesem Jahr beraten. Als Mitarbeiter der Geschäftsleitung ist Max Falk für alle Terminvereinbarungen zuständig. Zur Vorbereitung des nächsten Messeauftritts des Kunden schlägt er dem Geschäftsführer Lars Berger zwei Präsentationstermine vor und orientiert sich an folgender Checkliste:

Denk dran!

- ✓ Was? Zielsetzung, Grund
- ✓ Wann? Datum mit Wochentag und Uhrzeit
- ✓ Wie lange? Dauer des Termins
- ✓ Wo? genaue Ortsangabe
- ✓ Welche Dinge kann der Empfänger für den Termin im Voraus erledigen?
- ✓ Welche Unterlagen soll der Empfänger zum Termin mitbringen?
- ✓ Wer ist Ansprechpartner? (Geben Sie einen Namen mit Durchwahlnummer für Fragen an.)

Beispiel für eine Terminvereinbarung

new Look
Janine Sellbacher e. Kffr.
WEB- UND WERBEAGENTUR

Ihre Web- und Werbeagentur

New Look • Web- und Werbeagentur • Postfach 25 25 25 • 60394 Frankfurt
Office & More OHG
Herrn Lars Berger
Postfach 12 34 56
38001 Braunschweig

Ihr Zeichen:
Ihre Nachricht vom:
Unser Zeichen: se-fa
Unsere Nachricht vom:

Name: Max Falk
Telefon: 069 9358-210
Telefax: 069 9358-215
E-Mail: info@newlook-wvd.de

Datum: 21. Januar 20..

Ihr Messestand – Ihr persönlicher Erfolg 1

Guten Tag Herr Berger,

Ihre Präsenz im letzten Jahr auf der „Office Professionell" in Frankfurt war hervorragend. Sicher wollen Sie Ihren erfolgreichen Auftritt im September dieses Jahres wiederholen. 1

Jung, modern, kreativ, innovativ – die besten Vorschläge für Ihren nächsten Messeauftritt möchten wir Ihnen in Ihrer Firma präsentieren und mit Ihren Wünschen in Einklang bringen.

Haben Sie am Donnerstag, 11. Februar 20.. um 13:00 Uhr Zeit, oder passt Ihnen Freitag, 12. Februar 20.. um 09:00 Uhr besser? 2 3 An diesem Gespräch werden die Designerin Sandra Speyer und der Messebauspezialist Martin Solbach teilnehmen und Sie fachmännisch beraten. Wir haben für Sie drei Stunden Zeit eingeplant. Bitte informieren Sie uns, welcher Termin Ihnen zusagt.

Haben Sie Fragen? Dann rufen Sie mich an; Sie erreichen mich unter 069 9358-210.

Auf die gute Zusammenarbeit mit Ihnen freuen wir uns schon heute.

Herzliche Grüße nach Braunschweig

New Look

Max Falk

i. A. Max Falk

Geschäftsräume:	Sitz der Firma:	Inhaberin:	USt-IDNr.:	Bankverbindungen:	
Steuler Straße 5 60599 Frankfurt	Frankfurt **Registergericht:** AG Frankfurt HRB 5000	Janine Sellbacher e. Kffr. **Internet:** www.newlook-wvd.de	DE 345765211 **Steuer-Nr.:** 0 654 321 987	Sparkasse Frankfurt IBAN DE15 5009 0000 1234 5678 90 BIC HELADEF1FFM	Deutsche Bank IBAN DE22 5004 4455 0113 0072 30 BIC DEUTDEDBFRA

1 Die positive Betreffangabe und Briefeinleitung veranlassen den Empfänger weiterzulesen.

2 Kleiner Trick: Die Alternative suggeriert, dass der Empfänger den Termin auswählt.

3 Geben Sie den Wochentag an, denn der Empfänger weiß: donnerstags habe ich Zeit bzw. keine Zeit.

Vergleichen Sie: Links steht der Empfänger im Mittelpunkt!

Prima!	Nicht so gut!
+ Ihre Präsenz im letzten Jahr auf der „Office Professionell“ in Frankfurt war hervorragend. Sicher wollen Sie Ihren erfolgreichen Auftritt im September wiederholen.	– Wir haben für Sie die letzte „Office Professionell“ in Frankfurt organisiert.
+ Jung, modern, kreativ, innovativ – die besten Vorschläge für Ihren nächsten Messeauftritt möchten wir Ihnen in Ihrer Firma präsentieren und mit Ihren Wünschen in Einklang bringen.	– Wir möchten Ihnen gerne Vorschläge für Ihren nächsten Messeauftritt unterbreiten.
+ Bitte informieren Sie uns, welcher Termin Ihnen zusagt.	– Findet ein Terminvorschlag Ihre Zustimmung?

6.1.2 Terminzusagen

In den meisten Fällen genügt es, wenn Sie den Empfänger mit einer zeitsparenden E-Mail informieren. Wiederholen Sie Zeit und Ort, dann steht der Termin sicher. Auf den Terminvorschlag von „New Look“ antwortet Lars Berger entsprechend:

Beispiel für eine Terminvereinbarung per E-Mail

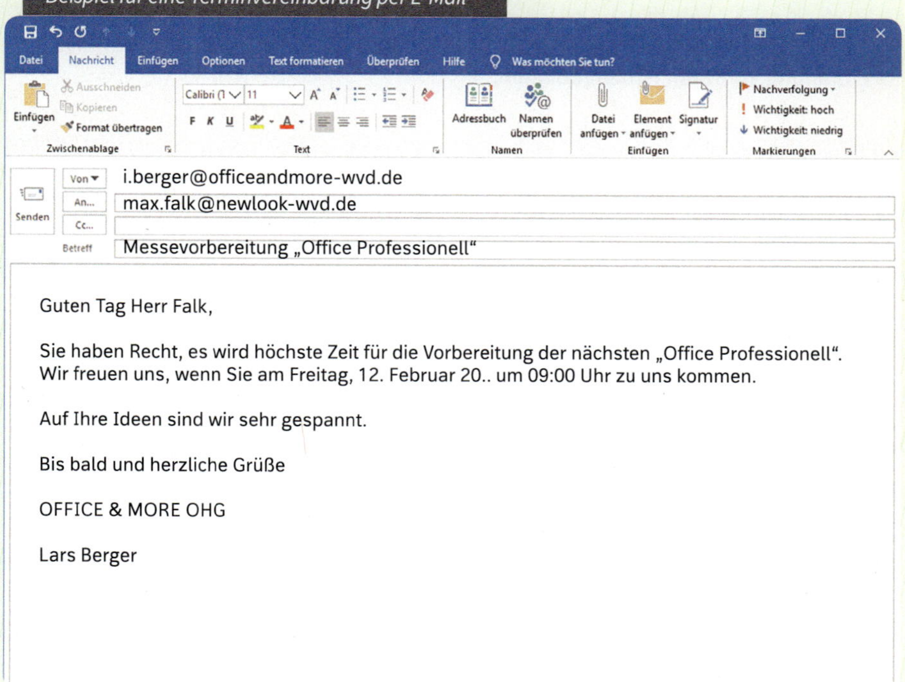
Von: i.berger@officeandmore-wvd.de
An: max.falk@newlook-wvd.de
Cc:
Betreff: Messevorbereitung „Office Professionell“

Guten Tag Herr Falk,

Sie haben Recht, es wird höchste Zeit für die Vorbereitung der nächsten „Office Professionell“.
Wir freuen uns, wenn Sie am Freitag, 12. Februar 20.. um 09:00 Uhr zu uns kommen.

Auf Ihre Ideen sind wir sehr gespannt.

Bis bald und herzliche Grüße

OFFICE & MORE OHG

Lars Berger

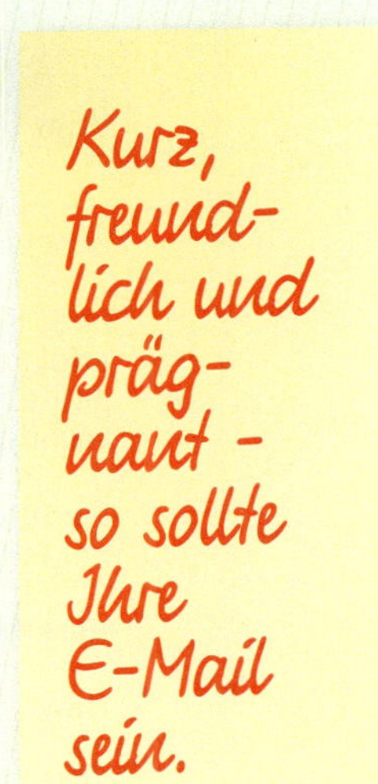

6.1.3 Terminabsagen: Eine Frage der Höflichkeit

Sagen Sie rechtzeitig ab, wenn Sie einen Termin (Einladung, geschäftliches Treffen, Seminar …) nicht wahrnehmen können. Das gilt in besonderem Maße, wenn Sie Termine verschieben müssen, die Sie selbst festgelegt haben. Formulieren Sie die Absage positiv, das ist besonders für die ersten Sätze wichtig.

„New Look" hat von Lars Berger, Geschäftsleitung von „Office & More", eine Einladung zum Firmenjubiläum erhalten. Die Inhaberin Janine Sellbacher kann diesen Termin nicht wahrnehmen und bittet Max Falk, die Absage zu schreiben. Janine Sellbacher unterschreibt diesen Brief selbst.

Beispiel für eine Terminabsage

new LOOK
Janine Sellbacher e. Kffr.
WEB- UND WERBEAGENTUR

Ihre Web- und Werbeagentur

New Look • Web- und Werbeagentur • Postfach 25 25 25 • 60394 Frankfurt

OFFICE & MORE OHG
Herrn Lars Berger
Postfach 12 34 56
38001 Braunschweig

Ihr Zeichen: be
Ihre Nachricht vom: 09.05.20..
Unser Zeichen: se-fa
Unsere Nachricht vom:

Name: Janine Sellbacher
Telefon: 069 9358-0
Telefax: 069 9358-215
E-Mail: s.sellbacher@newlook-wvd.d

Datum: 12. Mai 20..

Über Ihre Einladung zu Ihrem Firmenjubiläum, [1]

lieber Herr Berger, [2]

habe ich mich sehr gefreut. Seit zehn Jahren arbeiten unsere Firmen außerordentlich erfolgreich und freundschaftlich zusammen. Darum wäre ich an diesem besonderen Tag gerne zu Ihnen gekommen, um Ihnen persönlich zu gratulieren. Leider hindert mich ein wichtiger geschäftlicher Termin daran. [3]

Für Ihre Jubiläumsfeier am 27. Juni 20.. wünsche ich Ihnen schon heute viel Erfolg. Aus der Ferne stoße ich mit Ihnen auf dieses besondere Ereignis an. [4]

Herzliche Grüße nach Braunschweig

New Look

Janine Sellbacher

Janine Sellbacher

[1] Betreffangabe und Einleitung sind durch einen Satz verbunden.

[2] Diese Anrede können Sie bei guten Geschäftspartnern wählen.

[3] Nennen Sie einen Grund, warum Sie den Termin nicht wahrnehmen.

[4] Gratulieren Sie zum Termin mit einem separaten Schreiben, siehe Abschnitt 8.1.2.

6.2 Geschäftsreisen

6.2.1 Besuche ankündigen

Janine Sellbacher, Inhaberin von „New Look“, wird am 25. Juli 20.. nach München reisen. Dort stellt sie dem wichtigen Kunden „Eulenberg AG“ die Neugestaltung seiner Website vor. An diesem Gespräch nehmen außer dem Geschäftsführer Olaf Henzler die Mitarbeiterinnen Dr. Tanja Edel und Marion Lenz (Marketingabteilung) teil. Janine Sellbacher wird um 13:00 Uhr in München sein, für den Termin veranschlagt sie zwei Stunden. Lea Münch, Assistentin von Janine Sellbacher, kündigt den Besuch mit einer E-Mail an.

Geschäftsbesuche kündigen Sie ähnlich wie Terminvereinbarungen an (siehe Abschnitt 6.1.1).

6.2.2 Hotel buchen

Auf Geschäftsreisen sollen sich die Mitarbeiter wohl fühlen. Prüfen Sie vor dem Buchen, ob das Hotel die erforderlichen Standards erfüllt. Hotelführer aus dem Internet, Reisebüros oder Verkehrsämter helfen bei der Auswahl.

Janine Sellbacher übernachtet im Hotel „Zur Tanne“. Sie will Olaf Henzler, Eulenberg AG, und zwei Mitarbeiterinnen zu einem abendlichen Geschäftsessen einladen, das ab 19:30 Uhr im Hotelrestaurant eingenommen werden soll. Die Assistentin Lea Münch kennt die Wünsche ihrer Chefin, bucht das Zimmer entsprechend und reserviert den Tisch im Restaurant. Sie teilt dem Hotel mit, dass Janine Sellbacher nach 18:00 Uhr anreist, damit das Hotel das Zimmer nach dieser Uhrzeit nicht anderweitig vergibt. Sie schreibt eine zeitsparende E-Mail:

Beispiel für eine Hotelbuchung per E-Mail

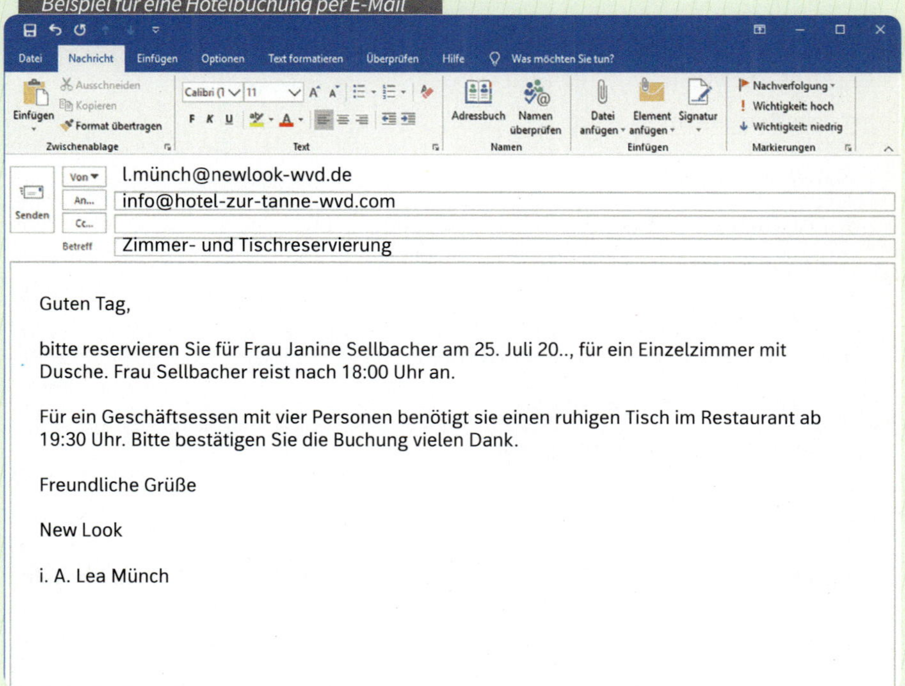

Von: l.münch@newlook-wvd.de
An: info@hotel-zur-tanne-wvd.com
Cc:
Betreff: Zimmer- und Tischreservierung

Guten Tag,

bitte reservieren Sie für Frau Janine Sellbacher am 25. Juli 20.., für ein Einzelzimmer mit Dusche. Frau Sellbacher reist nach 18:00 Uhr an.

Für ein Geschäftsessen mit vier Personen benötigt sie einen ruhigen Tisch im Restaurant ab 19:30 Uhr. Bitte bestätigen Sie die Buchung vielen Dank.

Freundliche Grüße

New Look

i. A. Lea Münch

Kurz und gut: Alle Informationen enthalten!

6.3 Einladungen

6.3.1 Teilnehmer einladen

Damit Ihre Veranstaltung (Tagung, Seminar, Hausmesse ...) erfolgreich wird, gewinnen Sie Ihren gewünschten Teilnehmerkreis mit einer ansprechenden und motivierenden Einladung. Verzichten Sie auf eine E-Mail, sie könnte nach dem Lesen „weggeklickt" und nicht mehr beachtet werden. Ein gut formulierter und schön gestalteter Brief wirkt ansprechender als eine E-Mail, die Anlagen sind präsent und müssen nicht separat geöffnet und ausgedruckt werden. Für ganz besondere Veranstaltungen können Sie Einladungskarten drucken lassen. Informieren Sie rechtzeitig über diesen Termin:

- **bis zu 20 Teilnehmer ca. 8 – 10 Wochen vorher**
- **bis zu 40 Teilnehmer ca. 12 – 15 Wochen vorher**
- **über 40 Teilnehmer ca. 15 – 20 Wochen vorher**
- **Gäste aus dem Ausland noch früher**

Als Mitarbeiterin der Organisationsabteilung von „Metakom Seminare GmbH" schreibt Sabine Gabel die Einladungen für das neue Seminar „Kommunizieren Sie effektiv im Büro", das im Mai durchgeführt wird. Angesprochen werden Führungskräfte, die Teilnehmerzahl ist begrenzt. Sabine Gabel fügt ein Antwortfax bei, damit sie alle Anmeldedaten erhält. Sie formuliert empfängerorientiert (Sie-Stil) und macht deutlich, wie vorteilhaft der Besuch des Seminares sein wird, außerdem verwendet sie ihre Checkliste, damit sie wichtige Details nicht vergisst.

Denk dran!

- ✓ Welche Zielsetzung (Thema, Schwerpunkte)?
- ✓ Wann und wo ist die Veranstaltung (Termin, Dauer und Ort)?
- ✓ Welche Referenten?
- ✓ Mögliche Anlagen:
  - **Antwortkarte/-fax**
  - **Teilnehmerliste**
  - **Tagungs- oder Seminarprogramm**
  - **evtl. Hotelprospekt, Anfahrtsskizze ...**
- ✓ Das sollten die Teilnehmer wissen:
  - **Kostenfrage und Verpflegung**
  - **Übernachtung (evtl. Hotelprospekt beifügen)**
  - **evtl. Rahmenprogramm (mit Kleidungshinweis, z. B. Smoking)**
  - **Anfahrtsweg/Parkmöglichkeiten, Anfahrt mit öffentlichen Verkehrsmitteln**
- ✓ Name und Telefonnummer eines Ansprechpartners

Beispiel für eine Einladung zum Seminar

METAKOM
SEMINARE
GmbH

Metakom Seminare GmbH • Postfach 25 26 • 65531 Limburg
Keksfabrik
Lübecke GmbH
Herrn Max Pfeil
Stegmannsstraße 5
73728 Esslingen

Ihr Zeichen:
Ihre Nachricht vom:
Unser Zeichen: ga
Unsere Nachricht vom:

Name: Sabine Gabel
Telefon: 06431 5893-210
Telefax: 06431 5893-215
E-Mail: s.gabel@metakomseminare-wvd.de

Datum: 05.07.20..

Seminar „Kommunizieren Sie effektiv im Büro"

Guten Tag, sehr geehrter Herr Pfeil,

kommunizieren Sie mit einigen Mitarbeitern besonders gut und mit anderen gelingt Ihnen das nicht? Ihre Geduld wird dann auf eine harte Probe gestellt? [1] Das muss nicht sein! Lernen Sie, wie Sie sich klar und effektiv auch mit schwierigen [1] Mitarbeitern verständigen und wie wichtig Ihre Körpersprache für Ihren Durchsetzungserfolg ist. Für das zweitägige Seminar

„Kommunizieren Sie effektiv im Büro" [2]

haben wir den bekannten Experten Herrn Prof. Dr. Werner Lange [3] gewonnen. Wie viele andere Teilnehmer werden auch Sie von ihm begeistert sein!

Als Termin haben wir **Mittwoch, den 2. und Donnerstag, den 3. September 20..** vorgesehen.

Wir laden Sie und Ihre Führungskräfte in das Dom-Hotel, Domstraße 45, 65549 Limburg ein. Das Hotel liegt mitten in der romantischen Altstadt, die in den Pausen oder am Abend zu entspannenden Spaziergängen einlädt. [4] Im Seminarbeitrag von 1.450,00 € sind die Übernachtung im Hotel, Vollpension und die Tagungsgetränke enthalten.

Nutzen Sie für Ihre Anmeldung bis zum 6. August 20.. bitte das beigefügte Antwortfax. [5] Auf Ihre Teilnahme freuen wir uns schon heute.

Herzliche Grüße nach Esslingen

Metakom Seminare GmbH

Sabine Gabel

i. A. Sabine Gabel

Anlagen
1 Antwortfax
1 Tagungsprogramm
1 Hotelprospekt

Geschäftsräume:
Diezer Straße 100
65549 Limburg

Geschäftsführer:
Werner Fischer
Internet:
www.metakomseminare-wvd.de

USt-IDNr.: DE 345765114
Steuer-Nr.: 0 987 654 321
Registergericht: AG Limburg HRB 5656

Bankverbindungen:
Sparkasse Limburg
IBAN DE22 5009 0000 3434 5673 40
BIC HELADEF1LIM

Volksbank Limburg eG
IBAN DE77 5005 0000 3334 1234 50
BIC HELADEFFXXX

[1] Motivieren Sie zur Anmeldung, nennen Sie die Vorteile.

[2] Wählen Sie einen aussagekräftigen Seminartitel.

[3] Erfolgreiche Referenten tragen in hohem Maße zum Erfolg Ihrer Veranstaltung bei.

[4] Ein angenehmer Ort und ein Rahmenprogramm können zur Teilnahme anregen.

[5] Das gut vorbereitete Antwortfax erleichtert den Teilnehmern die Anmeldung.

Prima!	Nicht so gut!
+ Kommunizieren Sie mit einigen Personen besonders gut und mit anderen gelingt Ihnen das nicht?	– In den Büros funktioniert die Kommunikation nicht reibungslos.
+ Das muss nicht sein! Lernen Sie ...	– Wir bieten Ihnen ein Seminar an, ...
+ Auf Ihre Anmeldung bis zum 6. August freuen wir uns schon heute.	– Wir bitten um Anmeldung bis 6. August.

Beispiel für ein Antwortfax

Antwortfax
Faxnummer 06431 5893-215
Anmeldeschluss: 6. August 20..

von: Max Pfeil, Keksfabrik Lübecke [1]   an: Sabine Gabel, Metakom Seminare [1]

Am Seminar „Kommunizieren Sie effektiv im Büro" am 2. und 3. September 20..

☐ nehme ich teil. [2]
☐ nehme ich mit ...... weiteren Personen teil.
☐ nehme ich nicht teil.

Name(n):

Ich wünsche eine Unterbringung im

☐ Einzelzimmer   ☐ Doppelzimmer

Besondere Wünsche: [2]

Ich benötige eine Anfahrtsskizze [2]
☐ ja   ☐ nein

Datum: **Unterschrift**

[1] Diese Angaben haben Sie für den Teilnehmer eingefügt.

[2] Sie erleichtern dem Teilnehmer die Anmeldung, er kann schnell handschriftlich ankreuzen und ausfüllen.

6.3.2 Teilnahme bestätigen

Nachdem Sabine Gabel die Anmeldungen zum Seminar „Kommunizieren Sie effektiv im Büro“ erhalten hat, bestätigt sie Max Pfeil die Seminarteilnahme und die individuellen Wünsche, die auf seinem Antwortfax vermerkt waren:

Beispiel für eine Teilnahmebestätigung

METAKOM SEMINARE GmbH

Ihr Zeichen:	pf
Ihre Nachricht vom:	10.07.20..
Unser Zeichen:	ga
Unsere Nachricht vom:	05.07.20..
Name:	Sabine Gabel
Telefon:	06431 5893-210
Telefax:	06431 5893-215
E-Mail:	s.gabel@metakomseminare-wvd.de
Datum:	12.07.20..

Metakom Seminare GmbH • Postfach 25 26 • 65531 Limburg

Keksfabrik
Lübecke GmbH
Herrn Max Pfeil
Stegmannsstraße 5
73728 Esslingen

Ihre Teilnahme am Seminar „Kommunizieren Sie effektiv im Büro“

Guten Tag Herr Pfeil,

vielen Dank für Ihre Anmeldung zum Seminar am 2. und 3. September. Bitte reisen Sie am Mittwoch bis 09:30 Uhr an. 1 Selbstverständlich haben wir für Sie und Ihre Mitarbeiterin, Marion Kleinert, Einzelzimmer (Nichtraucher) mit Bad gebucht. 2 Sie erhalten als Anlage die gewünschte Wegbeschreibung und eine Teilnehmerliste.

Haben Sie Fragen? Dann rufen Sie mich an; Sie erreichen mich unter der Telefonnummer 06431 5893-210. 3

Freuen Sie sich auf ein spannendes Seminar.

Herzliche Grüße nach Esslingen

Metakom Seminare GmbH

Sabine Gabel

i. A. Sabine Gabel

Anlagen
1 Teilnehmerliste
1 Wegbeschreibung

1 *Erwähnen Sie das Datum und den spätesten Zeitpunkt der Anreise.*

2 *Bestätigen Sie, dass die besonderen Wünsche berücksichtigt werden.*

3 *Geben Sie einen Ansprechpartner mit Telefonnummer an.*

6.3.3 Messestand besuchen

Überfüllte Messehallen, Hektik, Lautstärke und Neonlicht sind nicht jedermanns Sache. Machen Sie den Kunden neugierig, überzeugen Sie ihn mit einer gezielten Einladung, warum es sich lohnt, Sie auf der Messe zu besuchen. Stellen Sie den Nutzen für den Kunden in den Vordergrund! Eine Messeeinladung ruft Ihr Unternehmen ins Gedächtnis zurück und dient der professionellen Kundenpflege.

„New Look“ wird auf der nächsten „Bürotech“ in Frankfurt vertreten sein. Dort soll unter anderem eine neue Software vorgestellt werden, mit deren Hilfe Firmen einfach und schnell ihre Newsletter erstellen und versenden können. Die Assistentin von Janine Sellbacher, Lea Münch, lädt alle Stammkunden persönlich ein. Sie weiß, dass sonst einige Kunden den Stand nicht besuchen werden, zumal sie auch von Mitbewerbern eingeladen werden. Sie legt eine kostenlose Eintrittskarte und einen Messeflyer bei. Bei ihrem Schreiben berücksichtigt sie ihre Checkliste und formuliert werbend.

Denk' dran!

- ✓ Senden Sie Ihre Einladungen ca. drei bis vier Wochen vor dem Messetermin.
- ✓ Formulieren Sie ein persönliches Anschreiben, senden Sie keine unpersönliche Rund-E-Mail.
- ✓ Stellen Sie die Vorteile (auch gegenüber den Mitbewerbern) heraus.
- ✓ Was erwartet den Besucher an Ihrem Messestand (z. B. persönliche Beratung, Produktvorführungen, Preisausschreiben, Fachvorträge ...)?
- ✓ Bieten Sie ggf. einen Beratungstermin an.
- ✓ Weisen Sie auf Sonderveranstaltungen wie Expertenforen, Workshops, zentrale Vorträge und Ähnliches hin, auch wenn Sie diese nicht selbst anbieten.
- ✓ Legen Sie evtl. kostenlose oder ermäßigte Eintrittskarten bei.
- ✓ Teilen Sie dem Besucher Ihre Standnummer und die Halle mit.
- ✓ Denken Sie an Wegbeschreibungen (Auto, Parkplätze, öffentliche Verkehrsmittel).

Beispiel für eine Einladung zur Messe

Janine Sellbacher e. Kffr.
WEB- UND WERBEAGENTUR

Ihre Web- und Werbeagentur

New Look • Web- und Werbeagentur • Postfach 25 25 25 • 60394 Frankfurt
Nova Chemie AG
Herrn Dr. Peter Kirst
Postfach 22 33 44
10548 Berlin

Ihr Zeichen:
Ihre Nachricht vom:
Unser Zeichen: se-mü
Unsere Nachricht vom:

Name: Lea Münch
Telefon: 069 9358-233
Telefax: 069 9358-215
E-Mail: l.münch@newlook-wvd.de

Datum: 12. Juli 20..

Testen Sie die Zukunft schon vier Wochen vorher 1

Guten Tag Herr Dr. Kirst, 2

Ihre zukünftigen Newsletter erstellen und versenden Sie demnächst im Handumdrehen. Das können Sie auf der „Bürotech" in Frankfurt vom 28. August bis 3. September selbst ausprobieren. Lassen Sie sich überraschen, wie einfach das ist. Selbst wenig geschultes Personal wird das mühelos meistern. 3

Das ist natürlich noch nicht alles, was Sie auf unserem Messestand erwartet. Viele neu entwickelte Softwareprodukte werden Sie begeistern. Über interessante Fachvorträge auf der „Bürotech" informiert Sie der Messeflyer. 3

Am Mittwoch, 29. August 20.. 4 haben wir für Sie Zeit an unserem Messestand eingeplant. Unser IT-Fachmann Norbert Kaiser zeigt Ihnen gerne alle Neuheiten und berät Sie gerne. Sie finden ihn in Messehalle B, Stand 154. 4 Rufen Sie mich an, wenn Sie einen anderen Termin vereinbaren möchten; Sie erreichen mich unter der Telefonnummer 069 9358-233.

Selbstverständlich ist der Messebesuch für Sie kostenlos, verwenden Sie einfach die beigefügte Eintrittskarte. 5

Auf Ihr Kommen freut sich

das Messeteam
New Look

Lea Münch

i. A. Lea Münch

Anlage
1 Eintrittskarte
1 Messeflyer

PS: Profitieren Sie von dem Messerabatt. Sie erhalten alle Neuheiten bereits vier Wochen vor dem offiziellen Einführungstermin. 6

Geschäftsräume: Steuler Straße 5, 60599 Frankfurt
Sitz der Firma: Frankfurt
Registergericht: AG Frankfurt HRB 5000
Inhaberin: Janine Sellbacher e. Kffr.
Internet: www.newlook-wvd.de
USt-IDNr.: DE 345765211
Steuer-Nr.: 0 654 321 987
Bankverbindungen:
Sparkasse Frankfurt, IBAN DE15 5009 0000 1234 5678 90, BIC HELADEF1FFM
Deutsche Bank, IBAN DE22 5004 4455 0113 0072 30, BIC DEUTDEDBFRA

1 Die Betreffangabe soll neugierig machen.

2 Vergessen Sie in der Anrede den Dr.-Titel nicht.

3 Erläutern Sie die Vorteile des Messebesuches, verraten Sie aber nicht alles.

4 Beratungstermin und Ansprechpartner wirken sehr persönlich und animieren, die Messe zu besuchen.

5 Die kostenlose oder ermäßigte Eintrittskarte sollte nicht fehlen.

6 Das PS stellt als Wirkverstärker zwei weitere wesentliche Vorteile in den Vordergrund.

Prima!	Nicht so gut!
+ Ihre zukünftigen Newsletter erstellen und versenden Sie demnächst im Handumdrehen.	– Mit unserer neuen Software können Sie Newsletter schnell erstellen und versenden.
+ Das können Sie auf der „Bürotech“ in Frankfurt vom 28. August bis 3. September selbst ausprobieren.	– Das zeigen wir auf der Messe vom 28. August bis 3. September.
+ Selbstverständlich ist der Messebesuch für Sie kostenlos, verwenden Sie einfach die beigefügte Eintrittskarte.	– Als Anlage erhalten Sie eine Eintrittskarte für den Messebesuch.
+ Unser IT-Fachmann Norbert Kaiser zeigt Ihnen gerne alle Neuheiten und berät Sie gerne. Sie finden ihn in Messehalle B, Stand 154.	– Kommen Sie zur Messe und lassen Sie sich von uns beraten.

6.3.4 Referenten einladen

Seminare und Veranstaltungen gewinnen mit guten Referenten. „New Look“ plant für die Messe „Bürotech“ in Frankfurt einen Vortrag über das Thema „Ihre Website – Ihr persönlicher Verkaufserfolg“. Das Unternehmen möchte dazu die erfolgreiche Referentin Dr. Carina Schaller aus München gewinnen. Assistentin Lea Münch schreibt die Einladung und verwendet ihre Checkliste.

Denk dran!

- ✓ frühzeitig einladen
- ✓ Thema des Vortrages
- ✓ Tag und Uhrzeit
- ✓ Ort der Veranstaltung
- ✓ Teilnehmerkreis und Teilnehmerzahl
- ✓ gewünschte Technik, z. B. Laptop, Beamer, Flipchart, Mikrofon, ...
- ✓ Honorarwünsche
- ✓ evtl. Anreise- und Parkmöglichkeiten
- ✓ evtl. Übernachtung
- ✓ Ansprechpartner für Fragen

Beispiel für eine Einladung zu einem Fachvortrag

new look
Janine Sellbacher e. Kffr.
WEB- UND WERBEAGENTUR

Ihre Web- und Werbeagentur

New Look • Web- und Werbeagentur • Postfach 25 25 25 • 60394 Frankfurt
Frau
Dr. Carina Schaller
Rosenheimer Allee 125
80331 München

Ihr Zeichen:
Ihre Nachricht vom:
Unser Zeichen: se-mü
Unsere Nachricht vom:

Name: Lea Münch
Telefon: 069 9358-233
Telefax: 069 9358-215
E-Mail: l.münch@newlook-wvd.de

Datum: 12. April 20..

Fachvortrag auf der „Bürotech" in Frankfurt

Guten Tag Frau Dr. Schaller,

die gute Resonanz aus der Fachpresse hat uns überzeugt: Sie sind unsere Wunschreferentin auf der „Bürotech" in Frankfurt. Haben Sie am 31. August 20.. Zeit für einen Vortrag mit dem Thema

„Ihre Website – Ihr persönlicher Verkaufserfolg"?

Der Vortrag soll um 13:00 Uhr und noch einmal um 15:00 Uhr im Seminarraum Darmstadt, Messehalle 5 stattfinden und nicht länger als 45 Minuten dauern. Danach haben die Teilnehmer Gelegenheit, Ihnen Fragen zu stellen.

Zu dieser Sonderveranstaltung laden wir unsere Stammkunden persönlich ein, interessierte Messebesucher sind selbstverständlich auch willkommen. Maximal 30 Teilnehmer werden anwesend sein. Einen Beamer und einen Laptop können wir für Ihren Vortrag bereitstellen. Informieren Sie uns bitte, wenn Sie weitere Technik benötigen.

Rufen Sie bitte Frau Sellbacher an, wenn Sie Fragen haben. Sie erreichen sie unter der Telefonnummer 069 9358-110.

Wie hoch ist Ihr Honorar? Möchten Sie in Frankfurt übernachten? Dann buchen wir gerne ein Hotelzimmer für Sie.

Herzlichen Dank für Ihre schnelle Antwort.

Freundliche Grüße nach München

New Look

Lea Münch

i. A. Lea Münch

Geschäftsräume:	**Sitz der Firma:**	**Inhaberin:**	**USt-IDNr.:**	**Bankverbindungen:**	
Steuler Straße 5 60599 Frankfurt	Frankfurt **Registergericht:** AG Frankfurt HRB 5000	Janine Sellbacher e. Kffr. **Internet:** www.newlook-wvd.de	DE 345765211 **Steuer-Nr.:** 0 654 321 987	Sparkasse Frankfurt IBAN DE15 5009 0000 1234 5678 90 BIC HELADEF1FFM	Deutsche Bank IBAN DE22 5004 4455 0113 0072 30 BIC DEUTDEDBFRA

Aufgaben

6-1 Terminvereinbarung

Webdesigner Stefan Kleinert von „New Look" hat für das Unternehmen „Office & More" drei Vorschläge für die neue Website erstellt. Diese sollen mit dem Geschäftsführer Lars Berger und der Marketingleiterin Susanne Wolf besprochen werden. Als Termin schlägt Stefan Kleinert Mittwoch oder Donnerstag nächster Woche vor; er plant nachmittags drei Stunden Zeit ein.

Schreiben Sie dem Unternehmen „Office & More" einen entsprechenden Brief.

6-2 Terminabsage

Geschäftsführer Lars Berger ist in der nächsten Woche auf Geschäftsreise und kann den Termin (siehe Aufgabe 6-1) nicht wahrnehmen. Er legt großen Wert darauf, die Designvorschläge selbst zu begutachten.

Schreiben Sie „New Look" eine Terminabsage. Schlagen Sie als Alternative einen anderen zeitnahen Termin vor.

6-3 Geschäftsbesuch ankündigen

Ihr Chef, Herr Schneider, wird in der nächsten Woche am Mittwoch nach Braunschweig reisen, er will „Office & More" persönlich für deren Hausmesse beraten.

a) Schreiben Sie einen entsprechenden Brief.

b) Worauf achten Sie bei diesem Schreiben stilistisch besonders?

6-4 Termin verschieben

Sie haben eine Außendienstmitarbeitertagung für nächsten Donnerstag von 10:00 bis 17:00 Uhr in Ihrem Hause angesetzt, um neue Marketingstrategien vorzustellen. Markus Meier, Leiter der Marketingabteilung, meldet sich krank, er kann die Tagung nicht leiten. Sie verschieben den Termin um eine Woche. Informieren Sie die Außendienstmitarbeiter mit einer E-Mail.

6-5 Einladung zu einer Hausmesse

„New Look" plant eine Hausmesse am 23. Februar. Die neuen Softwareprodukte und neue Trends im Bereich Werbung sollen vorgestellt werden. Die Stammkunden können an diesem Tag individuell beraten werden, dazu müssen sie sich anmelden. Formulieren Sie die Einladung zur Hausmesse.

6-6 Antwortfax

Entwerfen Sie zu Ihrer Einladung ein entsprechendes Antwortfax.

Weitere Aufgaben finden Sie in unseren BPW-Materialien unter www.westermanngruppe.de. Geben Sie dort die Bestellnummer dieses Buches ein.

7 Privatbriefe

Eingangssituation

Auch Privatpersonen schreiben „offizielle" Briefe oder E-Mails, z. B. an Firmen, Behörden, Mieter/Vermieter.

Ein Umzug, eine Erkrankung, eine Ordnungswidrigkeit beim Falschparken und ein Fortbildungsangebot sind die Anlässe für Selina Muth, Auszubildende aus Klingenstadt, solche Privatbriefe zu erstellen. Sie beachtet dabei die Bestimmungen der DIN 5008 und verschickt die Schreiben auf dem Postweg bzw. per E-Mail.

Selina kündigt ihre bisherige Wohnung und informiert ihre Hausratversicherung über den Wohnungswechsel. Sie erstellt ein Entschuldigungsschreiben für ihre Klassenlehrerin in der Berufsschule. Mit einem Brief an die Stadtverwaltung Klingenstadt erhebt sie Widerspruch gegen einen Gebührenbescheid. Schließlich fordert sie Informationsmaterial bei „Metakom Seminare" an.

Lernziele

Auch wenn Sie einen privaten Brief schreiben, orientieren Sie sich am Aufbau des Geschäftsbriefes. Mit einem fehlerfreien und ansprechenden Schreiben übermitteln Sie dem Empfänger Ihre persönliche Visitenkarte.

MERKE

Bei der privaten Korrespondenz handelt es sich um Schriftstücke, die Privatpersonen in „offiziellen" Angelegenheiten schreiben und erhalten, z. B. die Korrespondenz zwischen

- **einem Auszubildenden und seinem Ausbilder, seinem Klassenlehrer oder der Berufsschule,**
- **einem Mieter und seinem Vermieter,**
- **einem Versicherungsnehmer und seiner Versicherungsgesellschaft oder**
- **einer Privatperson und einer Behörde oder Firma.**

Lernziele

→ Sie wissen, wie ein Privatbrief aufgebaut ist, Sie kennen Gemeinsamkeiten und Unterschiede zum Geschäftsbrief.

→ Sie formulieren und erstellen Briefe und E-Mails an Firmen, Behörden und Privatpersonen, dabei beachten Sie die Bestimmungen der DIN 5008.

→ Sie entscheiden fallbezogen, welche Privatbriefe sie klassisch per Post oder elektronisch per E-Mail versenden.

Beispiel für den Aufbau eines Privatbriefes

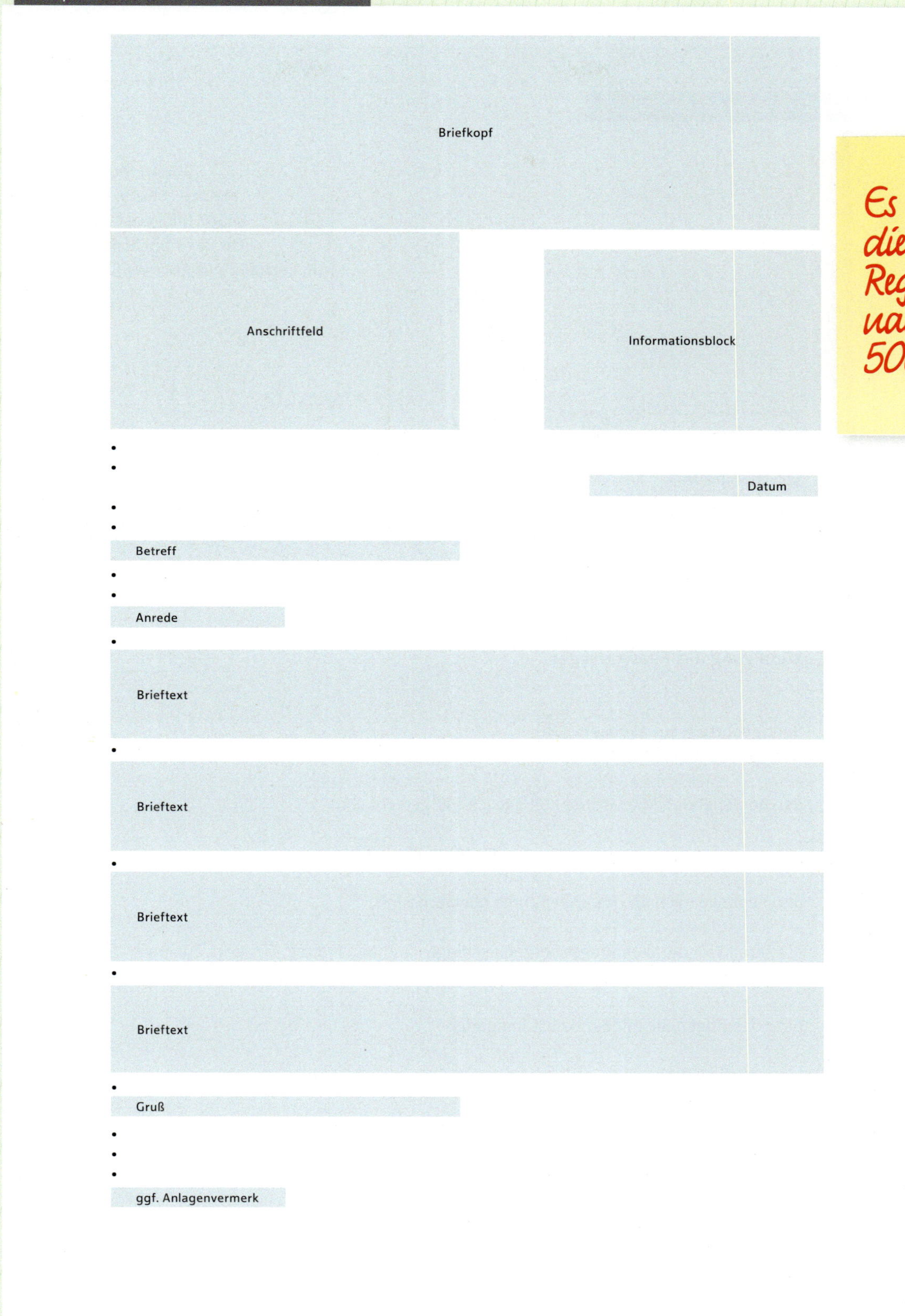

Es gelten die Regeln nach DIN 5008.

7.1 Kündigung eines Mietvertrages

Beispiel für ein Kündigungsschreiben

Selina Muth
Mainzer Straße 12
1 34567 Klingenstadt
FON 0174 98765432
MAIL selina1209@gmx-wvd.de

Selina Muth • Mainzer Straße 12 • 34567 Klingenstadt
Frau Clarissa Jakobsen 2
Herrn Jan-Georg Jakobsen
Bahnhofstraße 9
34567 Klingenstadt

12. Februar 20..

Kündigung des Mietvertrages

Sehr geehrte Frau Jakobsen, 2
sehr geehrter Herr Jakobsen,

den bestehenden Mietvertrag kündige ich fristgerecht zum

31. März 20.. 3

und bedanke mich für das angenehme Mietverhältnis.

Als Termin für die Wohnungsübergabe schlage ich Ihnen Freitag, 30. März 20.. nachmittags vor.

Bitte bestätigen Sie mir kurz die Kündigung.

Freundliche Grüße

Selina Muth

1 Den Briefkopf können Sie frei gestalten. Die obere Begrenzungslinie des Anschriftfeldes beginnt bei 50,8 mm von der oberen Blattkante.

2 Personen getrennt anreden ist höflich.

3 Wichtige Informationen können Sie im Text zentrieren oder einrücken.

Schreiben, bei denen wichtige Termine und Fristen einzuhalten sind, können Sie z. B. als „Express Brief“ oder „Einschreiben Rückschein“ versenden. Damit dokumentieren Sie, dass der Brief rechtzeitig abgesandt wurde bzw. beim Empfänger eingegangen ist.

Solche Schreiben sollten Sie nicht elektronisch (per E-Mail oder Telefax), sondern auf dem Postweg übermitteln. Im Zweifelsfall können Sie sonst nicht beweisen, dass die Mitteilung auf elektronischem Wege beim Empfänger eingegangen ist.

7.2 Mitteilung an eine Versicherungsgesellschaft

Beispiel für ein Schreiben an eine Versicherung per E-Mail

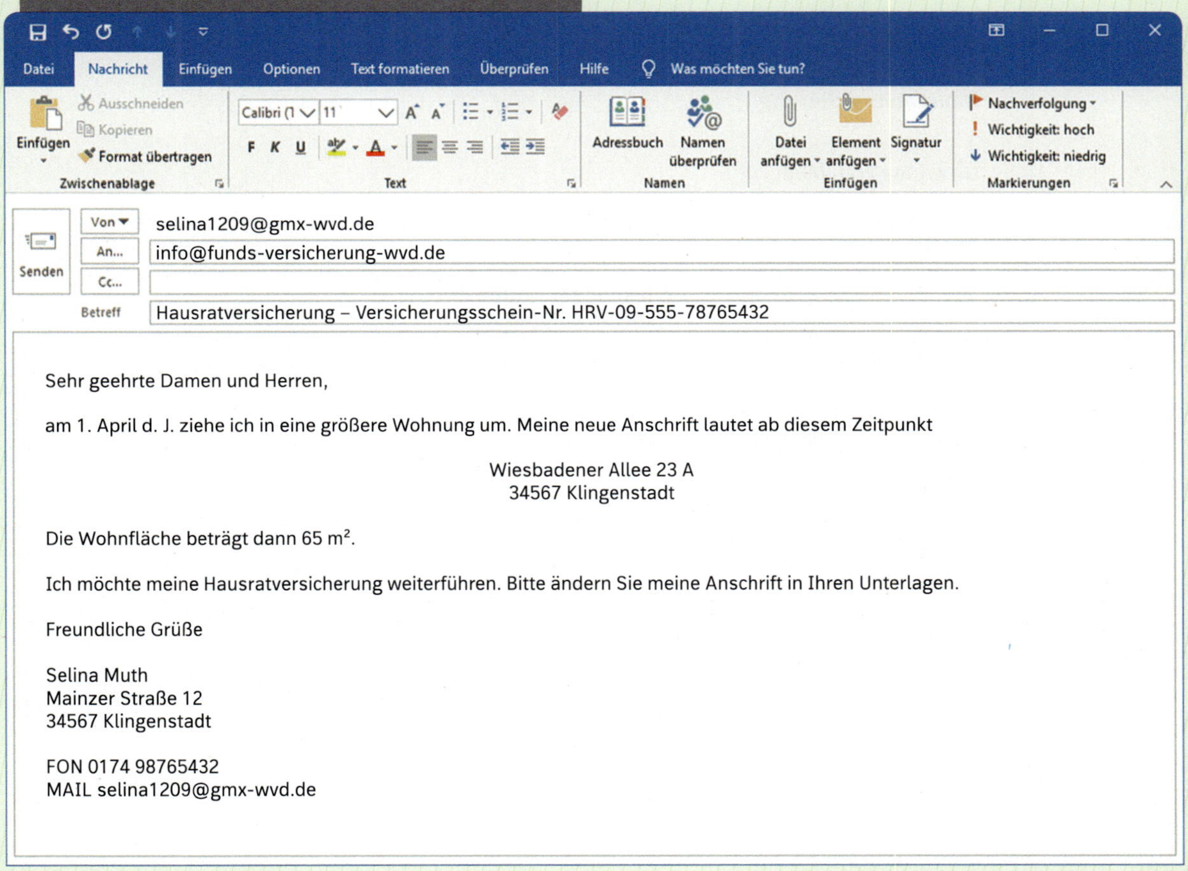

Von: selina1209@gmx-wvd.de
An...: info@funds-versicherung-wvd.de
Cc...:
Betreff: Hausratversicherung – Versicherungsschein-Nr. HRV-09-555-78765432

Sehr geehrte Damen und Herren,

am 1. April d. J. ziehe ich in eine größere Wohnung um. Meine neue Anschrift lautet ab diesem Zeitpunkt

Wiesbadener Allee 23 A
34567 Klingenstadt

Die Wohnfläche beträgt dann 65 m^2.

Ich möchte meine Hausratversicherung weiterführen. Bitte ändern Sie meine Anschrift in Ihren Unterlagen.

Freundliche Grüße

Selina Muth
Mainzer Straße 12
34567 Klingenstadt

FON 0174 98765432
MAIL selina1209@gmx-wvd.de

Bei privaten E-Mails in offiziellen Angelegenheiten sollten Sie auf Abkürzungen oder Symbole, z. B. mfg, :-), und Ähnliches verzichten.

Zwei Tage später erhält Selina Muth eine schriftliche Bestätigung ihrer Versicherungsgesellschaft.

Beispiel für eine Änderungsbestätigung

fair + sicher

f+s Versicherungs-AG

f+s Versicherungs-AG · Postfach 95 95 95 · 60590 Frankfurt

Frau
Selina Muth
Mainzer Straße 12
34567 Klingenstadt

Ihr Zeichen:	
Ihre Nachricht vom:	12.02.20..
Versicherungsschein-Nr.:	HRV-09-555-78765432
Bei Antworten und Rückfragen bitte stets angeben!	
Bearbeiter(in):	Miriam Becker
Telefon:	0180 2333444
Telefax:	069 67890-11
E-Mail:	m.becker@funds-versicherung-wvd.de
Internet:	www.funds-versicherung-wvd.de
Datum:	14. Februar 20..

Hausratversicherung

Guten Tag Frau Muth,

danke für Ihre Mitteilung. Ab 1. April d. J. führen wir Ihre Hausratversicherung unter der Anschrift

Wiesbadener Allee 23 A,
34567 Klingenstadt.

Die Wohnfläche von 65 m² in Ihrer neuen Wohnung haben wir im Versicherungsvertrag angepasst.

Freundlichen Gruß nach Klingenstadt

f+s Versicherungs-AG

Miriam Becker

i. A. Miriam Becker

Geschäftsräume:
Gabelsbergerstraße 60 – 62
60599 Frankfurt
Postanschrift:
Postfach 95 95 95
60590 Frankfurt

Vorstand:
Stephanie Winter (Vorsitzende)
Markus Langer
Jens Ziegler
Vorsitzender des Aufsichtsrates:
Dr. Heiko Friedrich

Sitz der Gesellschaft:
Frankfurt am Main
Registergericht:
Frankfurt am Main HRB 9876

USt-IDNr.:
DE 876543210
Steuer-Nr.:
1 234 567 890

Bankverbindungen:
Postbank Frankfurt
IBAN DE80 5001 0060 0987 6543 21
BIC PBNKDEFFXXX

Deutsche Bank Frankfurt
IBAN DE22 5004 4455 1234 5678 90
BIC DEUTDEDBFRA

7.3 Entschuldigungsschreiben für die Berufsschule

Beispiel für ein Entschuldigungsschreiben

Selina Muth
Mainzer Straße 12
34567 Klingenstadt
FON 0174 98765432
MAIL selina1209@gmx-wvd.de

Berufliche Schulen Klingenstadt
Frau Wagner
Hamburger Straße 18 – 20
34567 Klingenstadt

12. Februar 20..

Entschuldigung

Sehr geehrte Frau Wagner,

am vergangenen Montag, 8. Februar 20.., war ich erkrankt und konnte deshalb nicht am Unterricht teilnehmen. Bitte entschuldigen Sie mein Fehlen.

Ein Attest meines Hausarztes füge ich bei.

Den versäumten Unterrichtsstoff werde ich selbstständig nachholen.

Freundliche Grüße

Selina Muth

Anlage
1 Attest

7.4 Widerspruch gegen einen Gebührenbescheid

Beispiel für einen Widerspruch

Selina Muth
Mainzer Straße 12
34567 Klingenstadt

Selina Muth • Mainzer Straße 12 • 34567 Klingenstadt
Magistrat der
Stadt Klingenstadt
Rathaus
Marktplatz 1
34567 Klingenstadt

Ihr Zeichen:	495.368978.2
Ihre Nachricht vom:	10.02.20..
Telefon:	0174 98765432
Telefax:	06540 343536
E-Mail:	selina1209@gmx-wvd.de
Datum:	14. Februar 20..

1

Widerspruch gegen Ihren Gebührenbescheid

Sehr geehrte Damen,
Sehr geehrte Herren,

heute erhielt ich Ihren Gebührenbescheid. Ich bitte Sie, den Bescheid zurückzunehmen.

Begründung:

Die Uferstraße in Klingenstadt ist seit Anfang Februar d. J. durch Hochwasser überflutet. Deshalb kann ich meinen gewohnten Stellplatz nicht benutzen. Ich bin also gezwungen, mein Fahrzeug in der Nähe auf hochwasserfreiem Gebiet zu parken.

Die umliegenden Parkplätze waren überfüllt, daher stellte ich mein Fahrzeug neben der Marktkirche ab. Ich weiß, dass hier nur eine eingeschränkte Parkmöglichkeit besteht, habe aber aus einer Notlage heraus so gehandelt.

Für Ihr Entgegenkommen danke ich Ihnen.

Freundliche Grüße

Selina Muth

1 Wie beim Geschäftsbrief können Sie auch beim Privatbrief einen Informationsblock verwenden, um sich auf einen vorausgegangenen Schriftwechsel zu beziehen.

HINWEIS **Denken Sie daran, dass bei solchen Widersprüchen Fristen gelten.**

7.5 Anforderung von Infomaterial

Beispiel für eine Anforderung von Infomaterial per E-Mail

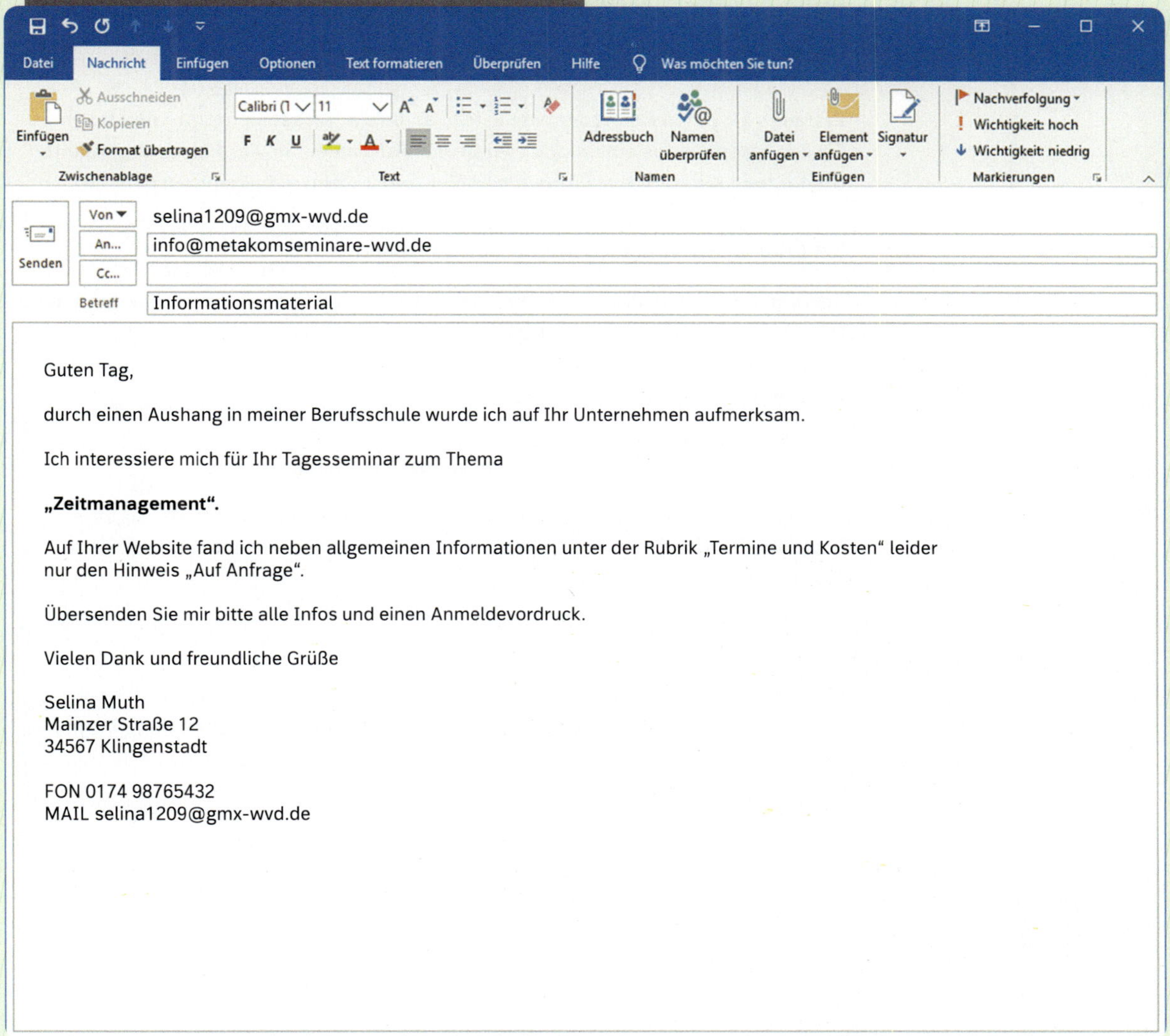

Von selina1209@gmx-wvd.de
An... info@metakomseminare-wvd.de
Cc...
Betreff Informationsmaterial

Guten Tag,

durch einen Aushang in meiner Berufsschule wurde ich auf Ihr Unternehmen aufmerksam.

Ich interessiere mich für Ihr Tagesseminar zum Thema

„Zeitmanagement“.

Auf Ihrer Website fand ich neben allgemeinen Informationen unter der Rubrik „Termine und Kosten“ leider nur den Hinweis „Auf Anfrage“.

Übersenden Sie mir bitte alle Infos und einen Anmeldevordruck.

Vielen Dank und freundliche Grüße

Selina Muth
Mainzer Straße 12
34567 Klingenstadt

FON 0174 98765432
MAIL selina1209@gmx-wvd.de

Prima!	Nicht so gut!
+ Den bestehenden Mietvertrag kündige ich fristgerecht zum ...	– Hiermit möchte ich den mit Ihnen bestehenden Mietvertrag fristgerecht zum ... kündigen.
+ Bitte bestätigen Sie mir die Kündigung.	– Ich möchte Sie bitten, mir eine kurze Bestätigung dieser Kündigung zu übermitteln.
+ Bitte entschuldigen Sie mein Fehlen.	– Ich bitte Sie, mein Fehlen zu entschuldigen.

Aufgaben

7-1 Privatbriefe

Beschreiben Sie den Aufbau des Privatbriefes und stellen Sie in einer Liste die Gemeinsamkeiten und Unterschiede zum Geschäftsbrief gegenüber.

7-2 Brief an die Klassenlehrerin bzw. den Klassenlehrer

Erstellen Sie einen Brief oder eine E-Mail an Ihre(n) Klassenlehrer(in) und teilen Sie mit, dass Sie aus einem privaten Grund nicht an der in vier Monaten geplanten dreitägigen Klassenfahrt (Termin und Ziel selbst wählen) teilnehmen können.

7-3 Brief an die Vermieterin bzw. den Vermieter

Schreiben Sie einen Brief an Ihre(n) Vermieter(in). Bestätigen Sie den Eingang der Nebenkostenabrechnung für das abgelaufene Jahr. Da die Abrechnung Ihrer Meinung nach Fehler enthält, bitten Sie um Vereinbarung eines Gesprächstermins, bei dem Sie die entsprechenden Belege einsehen möchten.

7-4 Brief oder E-Mail an die Versicherungsgesellschaft

Kündigen Sie mit einem Brief oder per E-Mail die bei der „f+s Versicherungs-AG" bestehende Haftpflichtversicherung fristgerecht zum Jahresende. Bitten Sie um eine entsprechende Bestätigung.

7-4 Brief an die Stadtverwaltung

Sie haben bei der „Stadtverwaltung Klingenstadt" Wohngeld beantragt. Nachdem die Stadtverwaltung Sie aufgefordert hat, eine Bescheinigung Ihres Vermieters über die Miethöhe vorzulegen, bitten Sie in einem Brief um eine 14-tägige Fristverlängerung, weil Ihr Vermieter sich zurzeit in Urlaub befindet.

Weitere Aufgaben finden Sie in unseren BPW-Materialien unter www.westermanngruppe.de. Geben Sie dort die Bestellnummer dieses Buches ein.

8 Besondere Schreiben

Eingangssituationen

Sabine Gabel ist Mitarbeiterin der Organisationsabteilung von **„Metakom Seminare“**. Zu ihrem Aufgabengebiet gehören die besonderen Schreiben, die vom Geschäftsführer selbst unterschrieben werden.

Sabine Gabel kontrolliert regelmäßig ihren Terminkalender, so kann sie sicher sein, dass sie Ereignisse wie z. B. Geburtstage, Jubiläen u. Ä. nicht vergisst. Sie schreibt auch einen persönlich gehaltenen Kondolenzbrief.

Konrad Wiese, Leiter der Werbeabteilung von **„New Look“**, dankt für einen Geschäftsbesuch vom Verkaufsleiter Stefan Kästner von „Funsport Marburg“.

Lea Münch, Assistentin der Inhaberin, schreibt Glückwünsche an eine Stammkundin, die geheiratet hat.

Lernziele

Es gibt viele Gelegenheiten, bei denen Sie im geschäftlichen Bereich gratulieren oder danken können. Viele Unternehmen unterschätzen diese Möglichkeit, Kontakte zu pflegen und „eingeschlafene" Geschäftsbeziehungen zu beleben. Punkten Sie mit kreativen Schreiben ohne Floskeln und Phrasen.

Individuelle und originelle Gratulationen kommen an. Der Empfänger erhält die Wertschätzung, die ihm gebührt. Sie können Ihr Schreiben mit Zitaten bekannter Persönlichkeiten oder mit einem Bezug zum besonderen Datum einleiten, damit sich Ihr Brief von „Standardgratulationen" unterscheidet.

Bei Kondolenzschreiben die richtigen tröstenden Worte zu finden, ist sicher nicht einfach. Hier kommt es besonders auf einen angemessenen Schreibstil an.

Formulieren Sie die Schreiben zu besonderen Anlässen sehr sorgfältig. Achten Sie auf Ihre Ausdrucksweise, denken Sie daran: Sie formulieren geschäftliche Korrespondenz.

Lernziele

- → Sie formulieren individuelle Gratulationen zu Jubiläen, Geburtstagen, Hochzeiten und Geburt.
- → Sie verfassen Dankschreiben.
- → Sie formulieren Kondolenzschreiben mit Fingerspitzengefühl.
- → Sie achten bei Ihren besonderen Schreiben auf eine ansprechende äußere Form.
- → Sie verwenden gutes, repräsentatives Papier.

8.1 Gratulationen

8.1.1 Geburtstage der Mitarbeiter oder Geschäftspartner

Marlene König, Leiterin der Personalabteilung von „Metakom Seminare“, feiert am 25. August ihren 50. Geburtstag. Sabine Gabel, die Assistentin der Geschäftsleitung, verwendet für die Glückwünsche hochwertiges Briefpapier, das für besondere Anlässe reserviert ist. Sie würdigt die Jubilarin im Brief und nutzt den Anlass dazu, Danke zu sagen. Das passende Geschenk ist für die Weinfreundin schnell gefunden und wird im Gratulationstext erwähnt.

8.1.2 Firmen- und Dienstjubiläen

Die Assistentin Sabine Gabel formuliert ein Glückwunschschreiben zu einem besonderen Firmenjubiläum. Seit vielen Jahren arbeiten „Metakom Seminare“ mit dem Werbeunternehmen „Create GmbH“ zusammen, das am 10. Oktober sein 25-jähriges Bestehen feiert. Sie beginnt im Betreff mit einem Zitat, das sie als gute Einleitung des Briefes fortführt. Sie würdigt den Geschäftspartner und bedankt sich für die Zusammenarbeit. Nach der Gratulation folgen die guten Wünsche für die Zukunft.

8.1.3 Geburt

Die Mitarbeiterin Sandra Fleißner des Unternehmens „Metakom Seminare“ hat gestern ein gesundes Mädchen zur Welt gebracht. Alle haben vor der Geburt mitgefiebert und gerätselt, ob es nun ein Mädchen oder ein Junge wird. Sabine Gabel weiß aus Gesprächen, dass nach langer Wartezeit nun endlich das Wunschkind Lucia da ist. Sie schreibt die Gratulation, die Werner Fischer unterschreibt. Selbstverständlich erhält die Familie Fleißner ein kleines Geschenk. Auch für dieses Glückwunschschreiben verwendet Sabine Gabel den Repräsentationsbogen des Unternehmens. Das Geschenk erwähnt sie im Brief und verzichtet auf den Anlagenvermerk.

8.1.4 Hochzeit

Seit vielen Jahren arbeitet „New Look“ mit dem Unternehmen „Beauty-Cosmetics“, Bad Camberg, zusammen. Die Geschäftsleiterin Marion Steinert wird am 12. Juli 20.. heiraten. Ihr zukünftiger Gatte heißt Jürgen Fellner. Lea Münch, Assistentin von Janine Sellbacher, schreibt den Glückwunschbrief und besorgt ein passendes Geschenk (für ca. 100 €). Sie kennt Frau Steinert von vielen Geschäftsbesuchen gut und weiß, dass sie gerne in guten Restaurants zum Essen geht. Lea Münch verwendet für die Gratulation den edlen Briefvordruck des Unternehmens. Sie achtet darauf, dass das Absendedatum dem Datum der Hochzeit entspricht und dass der Ehemann den Namen seiner Partnerin annimmt. Die Anschrift schreibt sie handschriftlich auf eine Briefhülle ohne Sichtfenster.

Lesen Sie die Gratulationsschreiben zu den Abschnitten 8.1.1 bis 8.1.4 auf den folgenden Seiten.

Beispiel für einen Glückwunsch zum Geburtstag

METAKOM SEMINARE GmbH

1

25. August 20..

19.. – ein hervorragender Jahrgang! 2

Liebe Frau König,

zu Ihrem 50. Geburtstag wünscht Ihnen die gesamte Belegschaft alles Gute.

Seit drei Jahren führen Sie mit viel Freude und Engagement die Personalabteilung. Mit Ihrem guten Einfühlungsvermögen haben Sie es geschafft, auch schwierige personelle Situationen zu meistern. Dass Sie das richtige „Händchen" für gute Mitarbeiterinnen und Mitarbeiter haben, das beweisen unsere „Neuen". Danke für Ihr Engagement! 3

19.. – ein hervorragender Jahrgang! Wir wissen, Sie trinken gerne einen guten Tropfen. Es war nicht einfach, aber wir haben es geschafft! Genießen Sie den Rheingauer Riesling aus Ihrem Geburtsjahr. 4

Lassen Sie sich im Kreise Ihrer Familie und Freunde gebührend feiern. Für die kommenden Jahre wünschen wir Ihnen Gesundheit, Freude, Tatkraft und von Herzen viel Glück. 5

Herzliche Geburtstagsgrüße

Ihr

Werner Fischer

Geschäftsführer Werner Fischer, Diezer Straße 100, 65549 Limburg (Lahn)
Telefon: 06431 5893-0, www.metakomseminare-wvd.de

1 Die persönliche Anschrift kann bei Gratulationsschreiben entfallen. Beim Postversand beschriften Sie eine Briefhülle ohne Sichtfenster!

2 Statt „Herzlichen Glückwunsch" hier der Bezug auf das Geburtsjahr.

3 Die Leistungen würdigen und Danke sagen sind wichtige Elemente eines Glückwunschschreibens

4 Erwähnen Sie das Geschenk.

5 Schließen Sie Gratulationen mit Wünschen für die Zukunft ab.

Beispiel für eine Gratulation zum Dienstjubiläum

METAKOM SEMINARE GmbH

Create GmbH
Herrn Raphael Schmied
An der Kleinen Pforte 27
70184 Stuttgart

10. Oktober 20.. [1]

„Das Geheimnis des Erfolges ist, den Standpunkt des anderen zu verstehen."
(Henry Ford) [2]

Lieber Herr Schmied,

dies verstehen Sie meisterlich, sonst wäre Ihr Unternehmen nicht so stetig gewachsen und zu dem geworden, was es heute ist. Zuverlässigkeit und Kreativität sind nur zwei Zauberwörter für Ihren Erfolg. [3]

Viele Jahre kennen wir Sie als verlässlichen Geschäftspartner. Mit Ihren hervorragenden Vorschlägen für unsere Werbung haben auch Sie maßgeblich zu unserem Wachstum beigetragen. Vielen Dank! [4]

Seit 25 Jahren führen Sie als „Kapitän" erfolgreich Ihr Unternehmen. Zu diesem besonderen Jubiläum gratulieren wir Ihnen und Ihren Mitarbeiterinnen und Mitarbeitern. Weiterhin viel Glück und Erfolg wünschen wir Ihnen und freuen uns schon heute darauf, auch in Zukunft mit Ihnen partnerschaftlich zusammenzuarbeiten. [5]

Herzliche Grüße

Ihr

Werner Fischer

Geschäftsführer Werner Fischer, Diezer Straße 100, 65549 Limburg (Lahn)
Telefon: 06431 5893-0, www.metakomseminare-wvd.de

[1] Das Absendedatum ist das „Jubiläumsdatum"!

[2] Sie können als Betreff ein passendes Zitat wählen, beziehen Sie sich in der Einleitung darauf.

[3] Würdigen Sie die Leistungen.

[4] Danken Sie guten und zuverlässigen Geschäftspartnern.

[5] Schließen Sie mit guten Wünschen für die Zukunft.

Beispiel für einen Glückwunsch zur Geburt

METAKOM SEMINARE GmbH

Frau Sandra Fleißner
Herrn Olaf Fleißner
Seestraße 35
65183 Wiesbaden

7. Dezember 20..

Herzlichen Glückwunsch zu Ihrer kleinen Lucia!

Liebe Frau Fleißner,
lieber Herr Fleißner,

lange neun Monate haben wir mit Ihnen gespannt darauf gewartet, ob es ein Mädchen oder ein Junge wird. Wir freuen uns mit Ihnen, dass die kleine Lucia gesund und munter auf die Welt gekommen ist. Ihr kleiner Sonnenschein wird Ihr Leben nun sicher total auf den Kopf stellen. Genießen Sie die schöne Zeit mit Ihrem Töchterchen.

Für Lucia haben wir eine Krabbeldecke mit ihrem Namen besticken lassen, auf der sie hoffentlich viele Stunden mit Ihnen spielen kann.

Noch einmal alles Liebe und Gute im Namen von allen Kolleginnen und Kollegen für Ihre Familie.

Ihr

Werner Fischer

PS: Wir freuen uns auf ein Foto Ihrer kleinen Lucia.

Geschäftsführer Werner Fischer, Diezer Straße 100, 65549 Limburg (Lahn)
Telefon: 06431 5893-0, www.metakomseminare-wvd.de

Persönlich und nett – so sind Ihre Gratulationen!

Beispiel für eine Gratulation zur Vermählung

neu Look
Janine Sellbacher e. Kffr.
WEB- UND WERBEAGENTUR

Ihre Web- und Werbeagentur

12. Juli 20..

„Es gibt kein festeres Band der Freundschaft als gemeinsame Pläne und Wünsche."
(Cicero)

Liebe Frau Steinert,
lieber Herr Steinert,

dieses Band verstärken Sie jetzt. Zu Ihrer Vermählung gratuliere ich Ihnen ganz herzlich und wünsche Ihnen viele schöne, harmonische gemeinsame Jahre.

Genießen Sie in trauter Zweisamkeit einen kulinarischen Abend im Restaurant „Nobel" im schönen Rheingau, lassen Sie sich verwöhnen mit exklusiven Speisen und Getränken, der Gutschein lässt hoffentlich keine Wünsche offen.

Liebe Frau Steinert, lieber Herr Steinert, ich wünsche Ihnen viel Freude und Glück auf Ihrem gemeinsamen Weg.

Ihre

Janine Sellbacher

Individuell, originell – eine einprägsame Gratulation

Inhaberin Janine Sellbacher, Steuler Straße 5, 60599 Frankfurt
Telefon 069 9358-0, www.newlook-wvd.de

MERKE

Stilvoll und individuell formuliert – darauf kommt es bei besonderen Schreiben an. Gratulationen, Dankschreiben oder Kondolenzbriefe stellen in jedem Falle den Empfänger in den Mittelpunkt.

Prima!	Nicht so gut!
+ Zu diesem besonderen Jubiläum gratulieren wir Ihnen und Ihren Mitarbeiterinnen und Mitarbeitern.	– Wir möchten Ihnen zu diesem Jubiläum unsere besten Wünsche senden. [1]
+ Zuverlässigkeit und Kreativität sind nur zwei Zauberwörter für Ihren Erfolg.	– Ihr Unternehmen ist sehr erfolgreich. [2]
+ Dass Sie das richtige „Händchen" für gute Mitarbeiterinnen und Mitarbeiter haben, das beweisen unsere „Neuen". Danke für Ihr Engagement!	– Danke, dass es Ihnen gelungen ist, gute Mitarbeiter zu gewinnen.
+ Zu Ihrer Vermählung gratuliere ich Ihnen ganz herzlich und wünsche Ihnen viele schöne, harmonische gemeinsame Jahre.	– Ich möchte [3] Ihnen zur Vermählung gratulieren und wünsche Ihnen viele schöne gemeinsame Jahre.
+ Genießen Sie in trauter Zweisamkeit einen kulinarischen Abend im Restaurant „Nobel" im schönen Rheingau.	– Als kleines Geschenk für Sie haben wir einen Gutschein für ein gutes Restaurant beigelegt.

[1] Bürokratendeutsch und absenderorientiert

[2] Das weiß das Unternehmen selbst. Langweiliger geht es kaum noch.

[3] Diese „falsche" Höflichkeitsfloskel hat in Ihren Schreiben keinen Platz.

Sie können Gratulationen und Kondolenzbriefe mit einem guten Füller selbst schreiben, dann wirken sie sehr persönlich. Alternativ schreiben Sie die Anrede und den Gruß handschriftlich. Wählen Sie in jedem Falle ein hochwertiges Briefpapier. Diese Wertschätzung des Empfängers trägt zum positiven Image des Unternehmens bei.

8.2 Sagen Sie „Danke“

Wer freut sich nicht über ein Danke oder ein Lob? Gelegenheiten, Danke zu sagen, ergeben sich nach vielen Anlässen auch im geschäftlichen Bereich. Der Aufwand ist nicht groß, Sie bleiben positiv in Erinnerung. Für offizielle Dankschreiben nehmen Sie sich etwas mehr Zeit: Schreiben Sie einen Brief! Für kleine Hilfen, Informationen und Ähnliches können Sie mit einer E-Mail danken.

Denk' dran!

- ✓ So viel Zeit muss sein: Schreiben Sie einen Brief.
- ✓ Geben Sie Ihrer Freude Ausdruck, dass an Sie gedacht wurde:
  - **Danken Sie für die Glückwünsche und das Geschenk.**
  - **Danken Sie für den Besuch.**
  - ...
- ✓ Wer unterschreibt? Das erledigt in der Regel ein Vorgesetzter.
- ✓ Verwenden Sie den Repräsentationsbogen Ihres Unternehmens.
- ✓ Frankieren Sie mit einer Briefmarke!

8.2.1 Danke für die Gratulation

Nach der Jubiläumsfeier „10 Jahre Metakom Seminare“ beauftragt der Geschäftsführer, Werner Fischer, seine Assistentin, allen Gratulanten zu danken. Sabine Gabel sichtet die Glückwunschschreiben und beantwortet diese individuell, sie erwähnt auch die Geschenke. Sie dankt Dr. Manfred Krause für die Teilnahme an der Jubiläumsfeier, die Glückwünsche, Geschenke und die Rede. Sie verwendet den repräsentativen Firmenbogen. Werner Fischer unterschreibt als Geschäftsführer, eine Unterschrift „i. A.“ wäre für diesen Anlass nicht passend.

8.2.2 Danke für den Besuch

Gestern war der Kunde „Funsport Marburg“ zu Besuch bei „New Look“. Zu Gast war der Verkaufsleiter Stefan Kästner. „New Look“ soll für den erfolgreichen Verkauf von Waveboards einen Flyer und für den nächsten Newsletter ein werbewirksames Layout erstellen. Konrad Wiese, Leiter der Werbeabteilung, erarbeitet dafür zwei Vorschläge. Vorher schickt er ein Dankschreiben als Brief, eine E-Mail wäre nicht repräsentativ genug.

Lesen Sie die beiden Dankschreiben auf den folgenden Seiten.

Beispiel für ein Dankschreiben anlässlich der Teilnahme am Firmenjubiläum

METAKOM SEMINARE GmbH

Möbelhaus Kressner
Herrn Dr. Manfred Krause
Postfach 23 23 23
80318 München

3. Februar 20..

„Ich bin dankbar, nicht, weil es vorteilhaft ist, sondern weil es Freude macht."
(Seneca) 1

Lieber Herr Dr. Krause,

Sie haben dazu beigetragen, dass unser Firmenjubiläum für mich und alle Mitarbeiter zu einem besonderen, freudigen Erlebnis wurde. 2

Danke für Ihre Glückwünsche, für Ihre lieben Worte und die guten Wünsche für die Zukunft. 3 Über die geschmackvolle Grafik 4 haben wir uns alle sehr gefreut. Sie hängt in unserer Eingangshalle und erinnert uns jetzt täglich an den außergewöhnlichen Tag.

Noch einmal herzlichen Dank, dass Sie mit uns allen gefeiert haben.

Liebe Grüße nach München

Ihr

Werner Fischer

Geschäftsführer Werner Fischer, Diezer Straße 100, 65549 Limburg (Lahn)
Telefon: 06431 5893-0, www.metakomseminare-wvd.de

1 *Zitate eignen sich auch für Dankschreiben!*

2 *Loben Sie den Empfänger für sein Engagement.*

3 *Danken Sie für alles, was der Empfänger zu Ihrem Jubiläum beigetragen hat.*

4 *Erwähnen Sie Geschenke!*

Beispiel für ein Dankschreiben nach einem Besuch

Janine Sellbacher e. Kffr.
WEB- UND WERBEAGENTUR

Ihre Web- und Werbeagentur

Ihr Zeichen:
Ihre Nachricht vom:
Unser Zeichen: se-fa
Unsere Nachricht vom:

New Look • Web- und Werbeagentur • Postfach 25 25 25 • 60394 Frankfurt
Funsport Marburg GmbH
Herrn Stefan Kästner
Bahnhofstraße 90
35037 Marburg

Name: Konrad Wiese
Telefon: 069 9358-212
Telefax: 069 9358-215
E-Mail: k.wiese@newlook-wvd.de

Datum: 2. April 20..

Herzlichen Dank, 1

sehr geehrter Herr Kästner,

für Ihren Besuch am 2. April 20.. 2 Selbstverständlich arbeite ich schnell entsprechende Vorschläge für Ihre Werbeflyer und den Newsletter aus. Spätestens Ende der nächsten Woche erhalten Sie die Entwürfe. Sie können sicher sein: Sie werden das Waveboard mit dieser guten Präsentation erfolgreich verkaufen. 3

Rufen Sie mich an, wenn Sie Fragen haben, Sie erreichen mich unter 069 9358-212. 4 Noch einmal herzlichen Dank für Ihren Auftrag und Ihren Besuch. Auf eine gute Zusammenarbeit mit Ihnen freue ich mich schon heute. 5

Herzliche Grüße

New Look

Konrad Wiese

i. A. Konrad Wiese

Geschäftsräume:	Sitz der Firma:	Inhaberin:	USt-IDNr.:	Bankverbindungen:	
Steuler Straße 5	Frankfurt	Janine Sellbacher e. Kffr.	DE 345765211	Sparkasse Frankfurt	Deutsche Bank
60599 Frankfurt	**Registergericht:**	**Internet:**	**Steuer-Nr.:**	IBAN DE15 5009 0000 1234	IBAN DE22 5004 4455
	AG Frankfurt HRB 5000	www.newlook-wvd.de	0 654 321 987	5678 90	0113 0072 30
				BIC HELADEF1FFM	BIC DEUTDEDBFRA

1 *Einfach nett: Danke sagen bereits im Betreff!*

2 *Erwähnen Sie das Treffen mit Datum.*

3 *Bestätigen Sie die Ergebnisse der Besprechung.*

4 *Geben Sie den Ansprechpartner mit voller Telefonnummer an, das erleichtert die Kontaktaufnahme.*

5 *Formulieren Sie einen aussagekräftigen Schlusssatz!*

8.3 Kondolenz

Angemessen formulierte Beileidsschreiben gehören sicher zu den schwierigen Aufgaben. Oft kennt man die Angehörigen von Kollegen oder Mitarbeitern nicht. Mit viel „Fingerspitzengefühl“ gilt es dann, die passenden persönlichen Worte zu finden.

Heute Morgen erreichte „Metakom Seminare“ die Nachricht vom plötzlichen Tod Thorsten Zimmermanns, Leiter der Marketingabteilung. Der Geschäftsführer, Werner Fischer, bittet Sabine Gabel, ein Kondolenzschreiben an die Ehefrau zu verfassen. Sie achtet darauf, persönliche Worte zu finden und den verstorbenen Mitarbeiter zu würdigen. Sie verwendet den Namen des Mitarbeiters und vermeidet „der Verstorbene“. Sabine Gabel berücksichtigt auch ihre Checkliste für Kondolenzschreiben:

Denk dran!

- ✓ Reagieren Sie schnell: Schreiben Sie den Kondolenzbrief sofort, nachdem Sie die Nachricht vom Tod erhalten haben.
- ✓ Verwenden Sie kein Papier mit schwarzem Rand, das ist dem Trauerhaus vorbehalten!
- ✓ Der Repräsentationsbogen des Unternehmens (ohne Bankverbindung, Handelsregisternummer ...) oder die zweite Seite Ihres Briefbogens eignen sich.
- ✓ Besonders persönlich ist ein Kondolenzschreiben, wenn es von Hand mit einem guten Füller geschrieben wird.
- ✓ Frankieren Sie unbedingt mit einer Briefmarke, Stempelabdruck der Frankiermaschine oder elektronisches Porto sind stillos.
- ✓ Schreiben Sie individuell, ältere Texte können Sie sicher nicht übernehmen!
- ✓ Elemente Ihres Briefes:
  - **Einleitende Worte**
  - **Würdigung des Verstorbenen – ausschließlich positiv!**
  - **Trost spenden und Worte der Anteilnahme**
  - **Evtl. Hilfe anbieten oder Besuch ankündigen**

Beispiel für ein Kondolenzschreiben

METAKOM SEMINARE GmbH

Frau
Marga Zimmermann
Diezer Straße 255
65549 Limburg

[1] 5. Juli 20..

Liebe Frau Zimmermann, [2]

die Nachricht vom plötzlichen Tod Ihres Mannes hat uns tief getroffen. Seit mehr als acht Jahren war er Abteilungsleiter unserer Marketingabteilung. Er hinterlässt eine Lücke, die wir menschlich und fachlich nur schwer schließen können. [3]

Wir wollen kaum glauben, dass er uns morgens nicht mehr mit seiner herzlichen Art begrüßen wird. Er war Vorbild für uns alle, auf ihn konnten wir uns stets verlassen. Ihr Mann war ein Mitarbeiter, mit dem wir freundschaftlich verbunden waren. Wir danken Thorsten Zimmermann für alles und werden ihn in guter Erinnerung behalten. [3]

Liebe Frau Zimmermann, wir können nur ahnen, wie sehr Sie dieser Verlust getroffen hat. Lassen Sie uns wissen, wenn wir Ihnen mit Rat und Tat helfen können. [4]

In Gedanken sind wir bei Ihnen, unser tiefes Mitgefühl begleitet Sie und Ihre Familie. [5]

Ihr

Werner Fischer

Geschäftsführer Werner Fischer, Diezer Straße 100, 65549 Limburg (Lahn)
Telefon: 06431 5893-0, www.metakomseminare-wvd.de

[1] Verzichten Sie bei Kondolenzbriefen auf die Betreffangabe.

[2] Diese Anrede ist persönlicher als „Sehr geehrte Frau Zimmermann“ Die Anrede können Sie auch von Hand schreiben.

[3] Würdigen Sie den Verstorbenen ausschließlich positiv.

[4] Bieten Sie Hilfe nur dann an, wenn Sie diese leisten können!

[5] Abschließend bekunden Sie Anteilnahme.

Aufgaben

8-1 Dienstjubiläum

Lisa-Marie Baumann ist bei der „Stadtverwaltung Klingenstadt" als Verwaltungsfachangestellte beschäftigt. Ihre Ausbildung begann sie vor 25 Jahren, danach war sie fünf Jahre lang im Bürgerservice tätig und wechselte dann in die Abteilung „Organisation". Seit drei Jahren leitet sie diese Abteilung erfolgreich. Ihr Aufgabenbereich: Betreuung der Auszubildenden, Organisation der Wahlen, Führen von Statistiken, Öffentlichkeitsarbeit. Ihr offenes, freundliches Wesen wird von allen sehr geschätzt, ihre Arbeit erledigt sie über das übliche Maß hinaus. Lisa-Marie Baumann erhält eine Gratifikation von 500,00 € und einen Tag Sonderurlaub.

Schreiben Sie die Gratulation zum Dienstjubiläum an Lisa-Marie Baumann.

8-2 Worauf kommt es bei Gratulationsschreiben an?

a) bei der Wahl des Papiers

b) bei der Briefhülle

c) bei der Frankierung

8-3 Erläutern Sie den formalen Aufbau eines Gratulationsschreibens.

8-4 Worauf achten Sie bei Gratulationsschreiben stilistisch?

8-5 Danke sagen

Werner Fischer, Geschäftsführer von „Metakom Seminare", hat Janine Sellbacher, Inhaberin von „New Look", am 6. Mai dieses Jahres zum 40. Geburtstag gratuliert. Die beiden Unternehmen arbeiten seit vielen Jahren zusammen, das hat Werner Fischer in seiner Gratulation besonders betont. Er dankte Janine Sellbacher für die erfolgreiche Zusammenarbeit und schenkte ihr eine versilberte Schreibtischuhr.

Formulieren Sie das Dankschreiben, Janine Sellbacher unterschreibt selbst.

8-6 Kondolenz

Nach langer schwerer Krankheit verstarb Ursula Schneider, die Ehefrau des Mitarbeiters Gerhard Schneider, sie wurde 54 Jahre alt. Er pflegte seine Frau aufopferungsvoll zwei Monate lang. „Metakom Seminare" kannten Ursula Schneider von mehreren betrieblichen Veranstaltungen. Sie hatte ein ruhiges und freundliches Wesen, sie war allen sehr sympathisch.

Formulieren Sie ein Kondolenzschreiben an Gerhard Schneider.

9 Die bessere Variante

Eingangssituation

Sicher haben Sie schon einmal Post von einer Behörde oder von einem Unternehmen erhalten. Vielleicht sind Sie dabei über umständliche Formulierungen oder unverständliche Sätze gestolpert. Möglicherweise hatten diese Briefe einen belehrenden oder ironischen Unterton. Auch drohende und vorwurfsvolle Formulierungen sind in keiner Korrespondenz angebracht und haben darin nichts zu suchen.

Behörden- und auch Geschäftsbriefe enthalten häufig verschachtelte „Bandwurmsätze“ mit vielen Nominalisierungen. Solche Briefe sind schwerer lesbar. Der Effekt beim Empfänger ist dann: Was will mir der Verfasser eigentlich mitteilen?

Es gibt immer noch Geschäftskorrespondenz, die wenig empfängerorientiert formuliert ist. Solche „wir-bezogenen“ Briefe punkten nicht. Gleiches gilt auch für negative Ausdrucksweisen wie „leider“ oder „zu unserem Bedauern“.

Doch es geht auch anders: mit der besseren Variante.

Lernziele

Wer liest schon gerne umständliches, verstaubtes Behörden- oder Kaufmannsdeutsch? Der Empfänger will präzise Informationen ohne überflüssigen „Wortmüll“. Schneiden Sie die alten Zöpfe ab und formulieren Sie Ihre Briefe zeitgemäß. Sie werden sehen: Ihre Korrespondenz kommt beim Empfänger an, vorausgesetzt, Ihr Schreibstil ist freundlich, verständlich, empfängerorientiert, zielgerichtet, logisch aufgebaut und ohne leere Höflichkeitsfloskeln.

Den modernen Briefstil in die Praxis umzusetzen braucht anfangs mehr Zeit. Geben Sie sich die Zeit, es wird sich für Sie und das Unternehmen lohnen: Gut formuliert – so gewinnt Ihre Korrespondenz. Denken Sie stets daran:

Ihre Korrespondenz ist die Visitenkarte des Unternehmens.

Nett und freundlich geschrieben, empfängerorientiert – für gelungene Geschäftskorrespondenz gibt es ein paar einfache Regeln.

Lernziele

- Sie lernen wichtige Formulierungsgrundsätze zusammengefasst kennen, z. B. „Verben benutzen“ oder „aktiv und lebendig schreiben“.
- Sie erkennen stilistische Defizite und wissen, was gute Formulierungen ausmacht.
- Sie wenden den modernen Briefstil an.
- Sie verfassen gelungene Briefeinleitungen und Schlusssätze.

9.1 Briefeinleitung und Briefschluss

Verschenken Sie den positiven „Ersteindruck“ nicht. Phrasen und leere Worthülsen haben in der Briefeinleitung nichts zu suchen: „Wir nehmen Bezug auf Ihr Angebot vom 14. Mai und bestellen ...“ Dieser Satz hat bis auf „bestellen ...“ keinen Aussagewert. Machen Sie es besser: Reden Sie den Empfänger im ersten Satz an, keiner Ihrer Briefe beginnt mit „Ich“ oder „Wir“. Sie wiederholen keine Informationen, die im Infoblock oder in der Betreffangabe stehen.

Teilen Sie zu Beginn dem Empfänger etwas Positives mit, auch wenn der Inhalt des Schreibens nicht erfreulich ist: „Vielen Dank für Ihre Bestellung. Wegen der großen Nachfrage haben wir die Produktion der neuen Bürostühle bereits erhöht. Bitte haben Sie Verständnis dafür, dass wir Ihnen die Stühle eine Woche später liefern werden.“

Auch der letzte Eindruck Ihres Briefes bleibt im Gedächtnis. Mit Ihrem gelungenen Briefschluss runden Sie einen positiven Eindruck ab. Sie verzichten auf Formulierungen, die Ihre Aussage schwächen: „Hoffentlich haben Ihnen unsere Ausführungen geholfen.“ Selbstbewusster klingt es: „Sicher helfen Ihnen unsere Angaben. Rufen Sie uns an, wenn Sie weitere Fragen haben.“

Prima!	Nicht so gut!
+ Vielen Dank für Ihre Anfrage. Gerne machen wir Ihnen ein Angebot über ... [1]	– Bezug nehmend auf Ihre Anfrage vom 5. Mai 20.. machen wir Ihnen gerne ein Angebot über ...
+ Das persönliche Gespräch am 10. November hat uns überzeugt. Gerne stellen wir Sie ab 1. Januar 20.. als Sachbearbeiterin ein. [1]	– Hiermit teilen wir Ihnen mit, dass wir Sie ab 1. Januar 20.. als Sachbearbeiterin einstellen.
+ Gefällt Ihnen unser Angebot? Dann freuen wir uns schon heute auf Ihren Auftrag. Freundliche Grüße [2]	– In der Hoffnung, Ihnen mit unserem Angebot gedient zu haben, verbleiben wir mit freundlichen Grüßen

[1] Ihre Korrespondenz kommt ohne „Vorreiter“ aus.

[2] Selbstbewusst geschrieben – so punkten Ihre Geschäftsbriefe.

MERKE

Der Titel des Buches: „Freundliche Grüße“ als Grußformel passt immer. Alternativ können Sie „Freundliche Grüße aus Hamburg“ oder „Freundliche Grüße nach Berlin“, bei guten Geschäftspartnern auch „Herzliche Grüße“ verwenden.

9.2 Ihr Empfänger spielt die Hauptrolle

Sprechen Sie den Empfänger in Ihren Briefen direkt an, dadurch rückt er in den Vordergrund. Dies verbessert nicht zuletzt die Geschäftsbeziehungen. Vermeiden Sie das selbstbezogene „wir“ und „uns“ besonders im ersten und im letzten Satz des Briefes.

Prima!	Nicht so gut!
+ Ihre gewünschte Ware ist da; Sie können sie sofort in unserem Geschäft abholen.	– Wir haben die bestellte Ware erhalten und weisen Sie darauf hin, dass sie sofort abgeholt werden kann.
+ Sie erhalten einen Rabatt von 5 %.	– Wir gewähren Ihnen einen Rabatt in Höhe von 5 %.
+ Ab 1. August 20.. erreichen Sie uns persönlich von 09:30 bis 18:30 Uhr in unserem Geschäft.	– Wir haben unser Geschäft ab nächsten Monat von 09:30 bis 18:30 Uhr geöffnet.
+ Sie erhalten auf die Fahrräder drei Jahre Garantie.	– Wir gewähren Ihnen auf unsere Fahrräder drei Jahre Garantie.

MERKE

Stellen Sie den Empfänger mit dem „Sie-Stil“ in den Mittelpunkt und teilen Sie ihm die Informationen einfach und ohne Umwege mit. Natürlich können Sie (wenige) Sätze mit „wir“ oder „ich“ formulieren, damit sie besser klingen, z. B.: „Das Seminar ‚Redetechnik‘ haben wir zurzeit nicht im Programm.“

9.3 Sie benutzen Verben

Sie vermeiden „Nominalisierungen“ und schreiben aktiv, indem Sie mit Verben arbeiten – so sind Ihre Briefe leicht verständlich. Verwenden Sie Verben ohne überflüssige Vorsilben, z. B. liefern – nicht ausliefern – oder senden statt übersenden!

Prima!	Nicht so gut!
+ Gefällt Ihnen unser Angebot? Wenn Sie Fragen haben, dann rufen Sie Max Muster an, er berät Sie gerne.	– Wir hoffen sehr, dass unser Angebot Ihren Vorstellungen entspricht, und stehen zur Beratung gern zur Verfügung.
+ Die Rohstoffe beeinflussen die Qualität der Kosmetika erheblich.	– Die Rohstoffe haben in erheblichem Maße eine große Einflussnahme auf die Qualität der Kosmetika.
+ Sie erhalten die Ware am Freitag durch unseren Spediteur.	– Die Waren aus Ihrer Bestellung werden am Freitag zur Auslieferung gebracht.
+ Die Fahrtkosten berechnen wir Ihnen separat.	– Wir werden Ihnen die Fahrtkosten in Rechnung stellen.

MERKE

Texte mit vielen Substantiven wirken holprig und steif. Nominalisierungen gehen oft mit Streckverben einher, z. B. bringen, geben, machen, erlangen, nehmen usw. Auch die Satzeinleitung „Wir bitten um“ endet mit einer Nominalisierung. Setzen Sie Wörter mit der Endung -ung, -schaft, -keit, -heit und -ion nur in Maßen ein.

9.4 Doppelt gemoppelt

Warum doppelt ausdrücken, wenn es einfach geht? Der alte Greis, der runde Ball, die gezeigte Leistung, Rückantwort – das sind Pleonasmen mit Adjektiv und Substantiv. Werden Gedanken durch mehrere Wörter ausgedrückt, die dieselbe Bedeutung haben, spricht man von einer Tautologie („bereits schon", „Telefonanruf").

Prima!	Nicht so gut!
+ Mit ihren Leistungen waren wir sehr zufrieden.	– Ihre gezeigten Leistungen hat sie zu unserer Zufriedenheit eingesetzt.
+ Bitte antworten Sie uns bis Ende nächster Woche.	– Wir erwarten Ihre Rückantwort bis Ende nächster Woche.
+ Herr Meier teilte uns telefonisch mit, dass ...	– Herr Meier hat uns bereits schon mit einem Telefonanruf mitgeteilt, dass ...
+ Den zu viel gezahlten Betrag überweisen wir Ihnen.	– Den zu viel bezahlten Betrag überweisen wir wieder zurück.

9.5 Niemand muss „müssen"

Formulieren Sie freundlich und partnerschaftlich. Erteilen Sie Ihren Geschäftspartnern und Kunden keine Befehle durch das Wort „müssen". Solche hierarchischen Formulierungen haben in guter Korrespondenz keinen Platz.

Prima!	Nicht so gut!
+ Kommen Sie bitte zu uns und schauen Sie sich den Schaden an der Maschine an.	– Sie müssen zu uns kommen, um sich den Schaden an der Maschine anzusehen.
+ Bitte senden Sie uns Ihre Unterlagen vollständig zu.	– Sie müssen auf Vollständigkeit Ihrer Unterlagen achten.

9.6 Sie schreiben aktiv und lebendig

Verwenden Sie die Aktiv-Form, bei der Passiv-Form erkennt man den Handelnden nicht. Verwenden Sie das Passiv nur, wenn es unwichtig oder nicht bekannt ist, wer etwas tut oder lässt, z. B.: „Die Informationen über das Tagungshotel wurden uns nicht zugesandt."

Prima!	Nicht so gut!
+ Ihre Reklamation haben wir geprüft. Sie haben Recht, die Ware ist fehlerhaft.	– Ihre Reklamation wurde geprüft. Ein Fehler an der Ware wurde festgestellt.
+ Holen Sie bitte die Ware ab.	– Die Ware muss abgeholt werden.
+ Sie erhalten die fehlende Software in der nächsten Woche.	– Die fehlende Software wird Ihnen demnächst zugeschickt.

9.7 Sie prüfen, ob der Konjunktiv erforderlich ist

Konjunktivformulierungen wie „würde" oder „könnte" vermitteln oft Unsicherheit. Benutzen Sie den Konjunktiv (Möglichkeitsform) nur, wenn er semantisch oder logisch erforderlich ist, z. B.: „Gerne wäre ich zu Ihrem Jubiläum gekommen, ein wichtiger Termin hindert mich daran."

Prima!	Nicht so gut!
+ Ich freue mich darauf, Sie bei einem Vorstellungsgespräch persönlich kennen zu lernen.	– Ich würde mich freuen, wenn Sie mich zu einem Vorstellungsgespräch einladen.
+ Bitte senden Sie mir Informationen über ...	– Ich würde gerne mehr Informationen über ... erhalten.
+ Teilen Sie uns bitte mit, wann die Ware ankommt.	– Würden Sie uns bitte mitteilen, wann die Ware ankommt?

MERKE

Die Formulierung im Konjunktiv als falsch verstandene Höflichkeitsfloskel macht Ihre Aussage „schwach". Verwenden Sie nicht mehrmals „würde" in einem Satz!

9.8 Überflüssige Höflichkeitsfloskeln

Natürlich sind Ihre Briefe höflich – dazu genügt oft schon ein „Danke“ oder „Bitte“. Veraltetes „Kaufmannsdeutsch“ verbannen Sie besser aus Ihrer Korrespondenz.

Prima!	Nicht so gut!
+ Bitte teilen Sie uns Ihre Telefonnummer mit.	– Wir möchten Sie höflichst darum bitten, uns Ihre Telefonnummer mitzuteilen.
+ Sie erhalten die Ware innerhalb zwei Wochen.	– Wir dürfen Ihnen versichern, dass Sie die Ware innerhalb zwei Wochen erhalten.
+ Gerne senden wir Ihnen ein Probeexemplar.	– Wir erlauben uns, Ihnen ein Probeexemplar zuzusenden.
+ Gefällt Ihnen unser Angebot? Auf Ihre Bestellung freuen wir uns schon heute.	– Wir hoffen, Ihnen mit dem Angebot gedient zu haben.

MERKE

Ihre Korrespondenz kommt ohne solche Floskeln aus. Möchten Sie etwas tun, oder tun Sie es wirklich? „Dürfen“ und „erlauben“ – wer verbietet es? „Hoffen“ macht Ihre Aussage schwach und Sie „dienen“ auch nicht, das 19. Jahrhundert ist längst Geschichte.

9.9 Sie formulieren einfach und klar

Sie verzichten auf Vorreiter, Floskeln und Phrasen in Ihrer Korrespondenz, überflüssige Informationen rauben dem Empfänger Zeit beim Lesen.

Prima!	Nicht so gut!
+ Vielen Dank für Ihre Anmeldung. Das Seminar beginnt ...	– Hiermit teilen wir Ihnen mit, dass Sie an dem Seminar teilnehmen können.
+ Gerne geben wir Ihnen Tipps für eine gelungene Korrespondenz.	– Ihr Schreiben haben wir erhalten und teilen Ihnen mit, dass wir Ihnen gerne Tipps für Ihre Korrespondenz geben.
+ Vielen Dank für Ihre Bestellung. In welcher Größe sollen wir Ihnen die Schuhe liefern?	– Bezug nehmend auf Ihre Bestellung haben wir noch eine Rückfrage.

Streichen Sie alle Sätze und Satzteile, die keinen Aussagewert haben. Dazu gehört an erster Stelle die Briefeinleitung „Hiermit teilen wir Ihnen mit, dass ...". Im persönlichen Gespräch kämen Sie niemals auf die Idee, ein Gespräch mit dem Vorreiter „hiermit teile ich Ihnen mit" einzuleiten. Oder: „Ihren Brief haben wir erhalten." Könnten Sie sonst antworten?

MERKE

9.10 Füllwörter blähen auf

Briefe transportieren Informationen für den Empfänger. Füllwörter tragen zur Kernaussage des Briefes nichts bei und machen sie oft schwerer verständlich.

Prima!	Nicht so gut!
+ Ich habe keine Zeit.	− Ich habe sowieso keine Zeit.
+ Die Preise werden erhöht.	− Es gibt aber wieder eine Preiserhöhung.
+ Rufen Sie uns bitte an.	− Außerdem bitten wir Sie, uns wegen dieser Sache anzurufen.
+ Bitte liefern Sie pünktlich.	− Achten Sie jedoch auf die pünktliche Lieferung.

Kontrollieren Sie Ihre Schreiben und streichen Sie alle Füllwörter. Sie werden erstaunt sein, wie viele Wörter entfallen können.

MERKE

9.11 Sie setzen Superlative sparsam und richtig ein

Bei zu vielen Superlativen wirkt Ihr Brief schnell unglaubwürdig. Noch schlimmer sind falsche Superlative.

Prima!	Nicht so gut!
+ Gerne erstellen wir für Sie ein passendes Angebot.	− Sie erhalten das beste Angebot.
+ Dieses Medikament ist das einzige auf dem Markt.	− Dieses Medikament ist das einzigste auf dem Markt.
+ Das Anbaumöbelprogramm bietet Ihnen optimale Lösungen für Ihre Dachschrägen.	− Das Anbaumöbelprogramm bietet Ihnen die optimalste Lösung für Dachschrägen.

MERKE **Setzen Sie Superlative grammatikalisch richtig ein, denn einige Adjektive (z.B. einzig, optimal, voll, perfekt, ideal ...) lassen sich nicht mehr steigern.**

9.12 Sie achten auf die richtige Satzlänge

Schachtel- und Bandwurmsätze sowie „Hackstil" kommen nicht an. In gut formulierten Briefen gibt es keine langen Sätze mit verwirrenden Verschachtelungen oder eine monotone Aneinanderreihung von kurzen Sätzen.

Prima!	Nicht so gut!
+ Vielen Dank für Ihre Anfrage. Gerne bieten wir Ihnen grüne Teppichböden in zwei unterschiedlichen Qualitäten an: ...	− Sie haben uns in Ihrer Anfrage gebeten, Ihnen für den Teppichboden, den Sie für Ihr neues Büro benötigen und der die Farbe Grün haben soll, zwei Alternativen in unterschiedlichen Qualitäten vorzuschlagen.
+ siehe oben	− Vielen Dank für Ihre Anfrage. Sie wünschen ein Angebot über Teppichböden. Wir haben zwei Qualitäten in Grün auf Lager.

MERKE **Formulieren Sie Hauptsätze mit etwa 10 bis 20 Wörtern, solche Sätze sind gut verständlich. Beginnen Sie mit dem Hauptsatz, wenn Sie einen Nebensatz benötigen. Strukturieren Sie längere Sätze, damit sie besser lesbar sind. Viele kurze Sätze hintereinander erzeugen den so genannten „Hackstil". Wechseln Sie ab: Mittellange und kurze Sätze – so liest der Empfänger Ihren Brief gerne.**

9.13 Sie verwenden Kausalsätze sinnvoll

Fakten stehen oft für sich selbst, warum dann noch begründen? Wenn Sie doch einmal begründen, dann achten Sie darauf, dass der Bezug stimmt.

Prima!	Nicht so gut!
Sie erhalten Ihre Ware am Freitag nächster Woche.	Da wir zurzeit Probleme mit dem Zulieferer haben, verzögert sich die Lieferung bis Freitag nächster Woche.
Vielen Dank für Ihre Bestellung. Wünschen Sie den Stuhl in Grau oder in Schwarz?	Weil Sie bei Ihrer Bestellung die Farbe nicht angegeben haben, wissen wir nicht, ob Sie den Stuhl in Grau oder in Schwarz wünschen.
Für Sie ist das Seminar nicht geeignet, da es sich an Azubis richtet.	Wir bieten dieses Seminar nur für Auszubildende an. Sie können nicht daran teilnehmen, weil Sie Ihre Ausbildung bereits abgeschlossen haben.

Da, weil, deshalb, darum usw. leiten Kausalsätze ein. Formulieren Sie besser zwei Sätze statt eines Kausalsatzes, beginnen Sie stets mit dem Hauptsatz.

MERKE

9.14 Sie formulieren positiv

Sie verzichten auf negative Formulierungen – besonders bei unerfreulichen Nachrichten. Sicher ist der Kunde auch enttäuscht, wenn er unerfreuliche Informationen positiv verpackt erhält. Er hat dann aber sicher mehr Verständnis, besonders dann, wenn Sie die Aussage begründen.

Prima!	Nicht so gut!
Die Computer erhalten Sie am *(Datum)*.	Leider können wir Ihnen die Computer erst nach unseren Betriebsferien liefern.
Bitte zahlen Sie bis 20. Mai 20.. Sie vermeiden dadurch Kosten, die Ihnen durch ein gerichtliches Mahnverfahren entstehen.	Wenn Sie nicht bis 20. Mai 20.. zahlen, sehen wir uns gezwungen, ein gerichtliches Mahnverfahren gegen Sie einzuleiten.
Vielen Dank, dass Sie die Stoffe pünktlich lieferten. Wir können sie jedoch nicht verwenden, sie weisen starke Webfehler auf.	Zu unserem großen Bedauern sind die Stoffe mit starken Webfehlern eingetroffen.

„Leider", „zu unserem Bedauern", „wir können nicht" – solche Formulierungen lösen negative Gefühle aus. Daher gilt: Formulieren Sie positiv, besonders die Einleitung des Briefes! Das Image Ihres Unternehmens profitiert davon.

MERKE

9.15 Vorsicht bei Partizipialsätzen

Ein Partizip drückt Handlungen aus, die gleichzeitig ablaufen. Beispiel: „Lachend laufe ich über die Straße". Das bedeutet, während ich lache, laufe ich über die Straße. Haupt- und Nebensatz haben dasselbe Subjekt. Doch viele Partizipialsätze sind grammatisch falsch formuliert. „Beiliegend erhalten Sie die Unterlagen" bedeutet: Während „Sie" (Subjekt = Empfänger) beiliegen, erhalten Sie die Unterlagen. Wer liegt gern einem Schreiben oder einer E-Mail bei?

Prima!	Nicht so gut!
+ Als Anlage erhalten Sie den Prospekt über ...	− Anliegend erhalten Sie den gewünschten Prospekt.
+ Auf Ihre Bestellung freuen wir uns schon heute. Freundliche Grüße	− Ihrer Bestellung entgegensehend verbleiben wir mit freundlichen Grüßen
+ Lesen Sie unsere Geschäftsbedingungen.	− Unten stehend finden Sie die Geschäftsbedingungen.
+ Meine Bewerbungsunterlagen erhalten Sie als Anhang. (E-Mail)	− Angehängt erhalten Sie meine Bewerbungsunterlagen.
+ Sie erhalten als Anlage ...	− In der Anlage erhalten Sie ... 1

1 *In der Parkanlage oder wo?*

HINWEIS So weisen Sie korrekt auf Anlagen oder E-Mail-Anhänge hin:

- **Als Anlage/Anhang erhalten Sie ...**
- **Die Unterlagen ... haben wir beigefügt.**

9.16 Fachausdrücke, Fremdwörter und Anglizismen

Was nutzt das „tollste" Fremdwort, wenn der Empfänger es nicht versteht und erst nachschlagen muss? Die Regel lautet: Fachausdruck, Fremdwort, Anglizismus nur dann, wenn es kein passendes deutsches Wort dafür gibt oder wenn Sie wissen, dass der Empfänger die Ausdrücke kennt.

Verwenden Sie Fremdwörter nicht, um sich zu profilieren oder mögliche Bildungslücken zu verbergen. Besonders peinlich für Sie wird es, wenn Sie ein Fremdwort falsch benutzen. Das zeigen die Sätze aus Interviews mit Fußballern: **„Das wird doch alles von den Medien hochsterilisiert."** (statt hochstilisiert) oder: **„Die Brasilianer sind ja auch alle technisch serviert."** (statt versiert).

Prima!	Nicht so gut!
Rufen Sie mich bitte an.	Bitte kontaktieren Sie mich.
Gerne bieten wir Ihnen die neue Software an. Sie wird die Wirtschaftlichkeit Ihrer Personalabteilung steigern.	Gerne offerieren wir Ihnen unsere innovative Software. Sie wird die Effizienz Ihrer Human Resources potenzieren.

MERKE

Fremdwörter wirken manchmal wie Fremdkörper in der Korrespondenz. Achten Sie besonders darauf, solche Wörter nicht falsch einzusetzen. Verwenden Sie – wenn möglich – deutsche Wörter. Fachausdrücke, Fremdwörter und Anglizismen schreiben Sie nur, wenn Sie kein treffendes deutsches Wort finden.

9.17 Sie verwenden das ausgeschriebene Wort

„Abkürzeritis" ist unhöflich. Bis auf einige geläufige Abkürzungen (usw., GmbH ...) verzichten Sie besser darauf – auch in E-Mails! Abkürzungen stören den Lesefluss und können missverständlich sein. Wissen Sie sofort, was „o. a.", „vg", „m. E." oder „dgl." bedeuten? Besonders unhöflich ist es, die Anreden „Herr" oder „Frau" abzukürzen. Es kostet kaum mehr Zeit, die Wörter auszuschreiben. Das gilt natürlich auch für alle geschäftlichen E-Mails.

Prima!	Nicht so gut!
Sie erhalten die Ware in der 3. oder 4. Kalenderwoche. Herzliche Grüße Ernst Meier	Wg. der Auftragslage werden wir Ihnen die Ware gegebenenfalls erst später zusenden. hg Ernst Meier

9.18 Checklisten für einen gelungenen Geschäftsbrief

Ein freundlicher Geschäftsbrief mit einer modernen Ausdrucksweise ohne umständliche Formulierungen punktet beim Empfänger. Halten Sie Ihre Korrespondenz so kurz wie möglich und nur so lang wie erforderlich. Einen guten Geschäftsbrief erkennt man daran, dass er keine überflüssigen Informationen enthält und verständlich formuliert ist. So weiß der Empfänger sofort um was es geht.

Denk dran!

Ziele und Aussagen

- ✓ Ist die Betreffangabe aussagekräftig?
- ✓ Kommt klar heraus, warum man schreibt und was mit dem Schreiben erreicht werden soll?
- ✓ Sind alle Fragen beantwortet?
- ✓ Ist der Brief logisch aufgebaut und ohne Gedankensprünge?
- ✓ Weiß der Empfänger, was als Nächstes zu tun ist?

Stilistische Kriterien

- ✓ Steht der Ansprechpartner im Vordergrund (Sie-Stil)?
- ✓ Zeitgemäße und empfängerorientierte Einleitung und Schluss?
- ✓ Auf Floskeln, Phrasen, Füllwörter und Vorreiter verzichtet?
- ✓ Wichtige Informationen im Hauptsatz formuliert?
- ✓ Aktiv und lebendig mit Verben geschrieben?
- ✓ Unsinnige Kausalsätze vermieden?
- ✓ Aktive Formulierungen verwendet?
- ✓ Positiv formuliert?
- ✓ Doppelausdrücke weggelassen?
- ✓ Partizipialsätze gemieden?
- ✓ Konjunktiv oder Superlativ – falls erforderlich – richtig angewendet?
- ✓ Auf Fremdwörter und Anglizismen weitgehend verzichtet?
- ✓ Richtige Satzlängen beachtet?
- ✓ Rechtschreibung, Zeichensetzung und Grammatik fehlerfrei?

Denk dran!

Äußere Form

- ✓ DIN-Regeln beachtet?
- ✓ Möglichst auf eine Seite beschränkt?
- ✓ Sinnvolle Absätze gemacht?
- ✓ Gute Struktur und übersichtlich?
- ✓ Silbentrennung durchgeführt?
- ✓ Hervorhebungen sparsam verwendet?

Aufgaben

Jetzt sind Sie an der Reihe, formulieren Sie im modernen Briefstil:

→ **9-1 Formulieren Sie eine gelungene Briefeinleitung und einen Schlusssatz.**

- **(Einleitung:) Wir haben Ihre Bestellung erhalten. Sie haben nicht angegeben, ob das Kopierpapier mit 80 g/m² oder 90 g/m² geliefert werden soll.**
- **(Schluss:) Wenn Ihr Auftrag nicht bis zum 20. Oktober 20.. bei uns eintrifft, wird sich die Lieferung um einen Monat verzögern. Freundliche Grüße**

→ **9-2 Wenden Sie den Sie-Stil an.**

- **Wir werden Ihnen die Ware in der nächsten Woche senden.**
- **Wir bedanken uns für die Teilnahme an unserem Seminar.**
- **Wir glauben, dass dies die beste Lösung für Sie ist.**

→ **9-3 Verwenden Sie Verben.**

- **Die zusätzlichen Kosten werden wir Ihnen in Rechnung stellen.**
- **Nach Prüfung Ihrer Lieferung ist eine Reklamation unumgänglich.**
- **Die Laptops werden wir in der nächsten Woche zum Versand bringen.**

→ **9-4 Schreiben Sie ohne Doppelausdrücke.**

- **Auf Ihre Rückantwort freuen wir uns sehr.**
- **Die entstandenen Unkosten berechnen wir Ihnen.**
- **Wir baten Sie bereits schon mehrere Male darum, uns zu antworten.**

→ **9-5 Formulieren Sie ohne „müssen".**

- **Wir müssen Sie bitten, pünktlich zu zahlen.**
- **Bei einem Unfall muss die Versicherung sofort informiert werden.**
- **Alle Vorschriften müssen unbedingt beachtet werden.**

→ **9-6 Wandeln Sie in Aktivsätze um!**

- **Der Prospekt wurde Ihnen bereits letzte Woche zugeschickt.**
- **Ihnen wird die Protokollführung übertragen.**
- **Die Änderungen können von uns nicht vorgenommen werden.**

Aufgaben

→ **9-7 Schreiben Sie ohne Konjunktiv.**

- Würden Sie uns bitte mitteilen, ob Sie damit einverstanden sind?
- Es dürfte angebracht sein, dass Sie sich dafür entschuldigen.
- Könnten Sie uns freundlicherweise über Ihre Fahrräder informieren?

→ **9-8 Streichen Sie die Höflichkeitsfloskeln.**

- Wir möchten Sie bitten, uns die Informationen schnell zuzusenden.
- Dürfen wir Ihnen unseren Prospekt zusenden?
- Wir erlauben uns den Hinweis, dass Sie die Termine einhalten sollten.

→ **9-9 Formulieren Sie ohne Floskeln und Phrasen.**

- Wir freuen uns, Ihnen heute mitteilen zu können, dass Sie die Waren bereits am 25. Juli erhalten werden.
- Wir weisen Sie darauf hin, dass das Angebot nur bis 3. Mai gültig ist.
- In Beantwortung Ihrer Anfrage teilen wir Ihnen mit, ...

→ **9-10 Werfen Sie Ballast ab, streichen Sie Füllwörter.**

- Sie können eigentlich auf Stilfehler verzichten.
- Es ist nunmehr Zeit, die gesamte Korrespondenz zu entrümpeln.
- Das ist gewissermaßen die einzige Möglichkeit, verständlich zu schreiben.

→ **9-11 Setzen Sie den Superlativ richtig ein (falls er erforderlich ist).**

- Das ist die bestmöglichste Entscheidung, die Sie treffen konnten.
- Das ist unser meistgekauftester Autotyp.
- Kennen Sie die einzigste Möglichkeit, das optimalste Ergebnis zu erzielen?

→ **9-12 Finden Sie das richtige Maß für Satzlänge und Satzbau.**

- Wir bitten Sie, dass Sie die Änderung Ihrer Bestellung, die wir an den Hersteller weiterleiten, schriftlich bestätigen.
- Sie erhalten den Fragebogen. Füllen Sie ihn aus. Senden Sie ihn unterschrieben zurück.

→ **9-13 Verzichten Sie auf überflüssige Begründungen (Kausalsätze).**

- Da wir das Gerät nicht selbst reparieren, senden wir es an den Hersteller.
- Da Ihr Bausparvertrag noch nicht zuteilungsreif ist, können wir Ihnen die Bausparsumme nicht auszahlen, weil er noch zwei Monate ruhen muss.

Aufgaben

9-14 Formulieren Sie positiv.

- **Die uns überlassenen Unterlagen erhalten Sie zu unserer Entlastung zurück.**
- **Wir können Ihnen die Waren wegen Produktionsschwierigkeiten leider erst am 25. Januar senden.**
- **Leider können wir erst heute antworten.**

9-15 Korrigieren Sie falsche Partizipialsätze.

- **Ihre Bestellung haben wir dankend erhalten.**
- **Beiliegend sende ich Ihnen unseren Prospekt über Cityräder.**
- **Unten stehend finden Sie unsere Geschäftsbedingungen.**

9-16 Formulieren Sie einfach und verständlich ohne Fachausdruck, Fremdwort, Anglizismus.

- **Das Shopping in der City war für uns ein tolles Event.**
- **Inkorrekt an den Armaturen sind die undichten Ventile.**

9-17 Schreiben Sie Abkürzungen aus.

- **Wg. des schlechten Wetters wird Sie Fr. Maier erst morgen besuchen.**
- **M. E. enthält die Flasche 0,75 l Pflanzenöl, u. U. auch 1 l.**
- **Die Produkte weisen u. a. hohe Pestizidwerte auf.**

Sind Sie fit? Erkennen und berichtigen Sie die Stilfehler im Aufgabenpool in unseren BPW-Materialien unter www.westermanngruppe.de. Geben Sie dort die Bestellnummer dieses Buches ein.

A

B

C

D

E

Q

R

S

T

V

W

Z

|Druwe & Polastri, Cremlingen/Weddel: 68. |fotolia.com, New York: Amir Kaljikovic 159; Bernd_Leitner 141; Coloures-pic 123; Dan Race 6; Fenske, Martina 171; Peter Atkins 187; Picture-Factory 19; Sven Bähren 66; the_builder 46. |Hild, Claudia, Angelburg: 114. |iStockphoto.com, Calgary: ma_rish 120. |Microsoft Deutschland GmbH, München: 75, 79, 79, 90, 98, 98, 99, 138, 147, 149, 165, 169. |PantherMedia GmbH (panthermedia.net), München: 117. |Picture-Alliance GmbH, Frankfurt/M.: ABO/Science Photo Library/TEK IMAGE 110. |Siegfried H. Groß, Schwalmstadt: 75. |stock.adobe.com, Dublin: bnenin Titel; magann Titel. |Visuelle Lebensfreude - Bodem + Sötebier GbR, Hannover: 6, 10, 10, 12, 12, 14, 18, 23, 23, 25, 25, 27, 27, 31, 31, 33, 33, 35, 35, 37, 38, 38, 46, 50, 50, 50, 52, 52, 52, 53, 53, 53, 54, 54, 54, 56, 56, 58, 58, 59, 61, 61, 61, 62, 62, 62, 63, 63, 63, 63, 64, 64, 65, 65, 73, 75, 78, 78, 79, 81, 81, 83, 83, 85, 85, 86, 86, 87, 87, 89, 89, 90, 92, 92, 94, 94, 96, 96, 98, 99, 101, 101, 103, 103, 104, 104, 117, 117, 120, 120, 127, 127, 128, 128, 129, 129, 130, 130, 130, 132, 132, 133, 133, 134, 134, 135, 135, 136, 136, 137, 137, 138, 138, 139, 139, 141, 142, 146, 146, 147, 148, 148, 149, 151, 151, 152, 153, 153, 155, 155, 157, 157, 159, 160, 163, 164, 165, 166, 166, 167, 168, 169, 171, 176, 176, 177, 177, 178, 178, 179, 179, 182, 182, 183, 183, 185, 185, 187, 188.

Wir arbeiten sehr sorgfältig daran, für alle verwendeten Abbildungen die Rechteinhaberinnen und Rechteinhaber zu ermitteln. Sollte uns dies im Einzelfall nicht vollständig gelungen sein, werden berechtigte Ansprüche selbstverständlich im Rahmen der üblichen Vereinbarungen abgegolten.